●序

本書は Yen（為替・金）の本ではなく、初等幾何（図形に関する数 [illegible] を中心に書いたものである。学ぶ学年順にはこだわらず、私なりに理解しやすい流れとした。小中学生でも、また数学を忘れかけている大人でも読めるよう、次のようにした。

1. 見開き左頁に解説、右頁に図を添付し、図とともに理解できるようにした。
2. 角度は弧度法（rad）でなく、小中学校で使う「°」を使った。
3. 証明は中学数学レベルとした[*1]。

本書は、満員電車の中でも気軽に読み進められる本であるが、机に紙（ノート）、鉛筆、定規、コンパスを用意して実際に作図しながら「体感」してもらうと更に楽しい。「円」を好きになるポイントは「コンパス萌え」になることである。

◆円の魅惑

1 点（中心）から等距離にある点の集合体である円（円周）は、どの文明、文化においても「完全なるもの」の象徴とされてきた。古代より、太陽や満月の円の形は信仰や畏敬の対象となり、キリスト教美術においてはキリストや天使の頭に円の背景「光輪」がかかれる。ステンドグラスの中には円の採光窓もあり、空間の重厚性を増している。

仏教でも曼荼羅や仏像においても光背がおかれる[*2]。私たちの体内のミトコンドリアの ATP 合成酵素も、軸は回転する円筒状である。大腸菌などのべん毛モーターの軸も同様である[*3]。アニメ「新世紀エヴァンゲリオン」（TV シリーズ）においても円構造の使徒が 2 つ登場する。第 12 使徒レリエルは、ディラックの海につながった薄い円板[*4]であり、第 16 使徒アルミサエルは空中に浮いた二重らせんの円環であった。この両者がシンジ、レイの精神とのコンタクトをとろうとする存在であったことは、円の完全性を象徴するものだろうか？「進撃の巨人」においてウォール教の信仰対象であり、巨人から人類を守っているように見える[*5]3 つの壁（マリア、ローゼ、シーナ）も円形である。この魅惑的な円を一緒に学んでいこう。

[*1] まだ証明を習っていない小学生は証明方法の部分は読み飛ばし、結果だけ理解してもよい。

[*2] 森豊「聖なる円光」（六興出版）によれば同起源。

[*3] 「細胞の分子生物学」P. 822。

[*4] 空中の球のほうが影。

[*5] 壁の役割は謎が多い。

●名称

1. 円やその部分の名称

   円（circle）とは、平面において、ある 1 点（中心 center）から同じ距離にある点の集合を示し、円周（circumference）を示すが、面積などでは内部も含めて円という。中心と円周の 1 点を結ぶ線分やその長さを半径（radius）といい、中心を通り円周上に両端がある線分やその長さを直径（diameter）という。

   円周の一部を弧《こ》（arc）、円周上の 2 点を結ぶ線分を弦《げん》（chord）といい、弦にはそれに対応する弧が 2 つある。長い弧を優弧、短い弧は劣弧といい、普通は劣弧のほうを弧ということが多い。弧の両端を通る 2 つの半径とその弧で囲まれた図形を扇形《おうぎがた》（sector）といい、その 2 つの半径のなす角を中心角（center angle）という。弧の両端と他の円周上の点を結んだ線分のなす角を円周角（the angle at the circumference）という。弦と劣弧で囲まれた図形を弓形《ゆみがた》（segment）という。また、1 点（接点）で円に接する直線を接線《せっせん》（tangent line）という。

2. 扇形と弓形

   扇形の面積は円の面積の部分となり、扇形の弧の長さは円周の部分となる。円の中心を一周する角度は理論上 360° なので、扇形面積、弧の長さはその中心角 $(^\circ)/360^\circ$ となる。これは日常生活でも友達と山分けしてピザを食べる時に実感できるだろう。弓形の面積はその扇形から中心角を頂角とする二等辺三角形を除外した面積となる。

3. 内接円と外接円

   1 つの多角形の全ての辺に内側から接する円を内接円（inscribed circle）、1 つの多角形の各頂点に外側から接する円を外接円（circumscribed circle）という。逆に円に対して各辺で外側から接する多角形を外接多角形、内側から各頂点で接する多角形を内接多角形という。

1. 円やその部分の名称

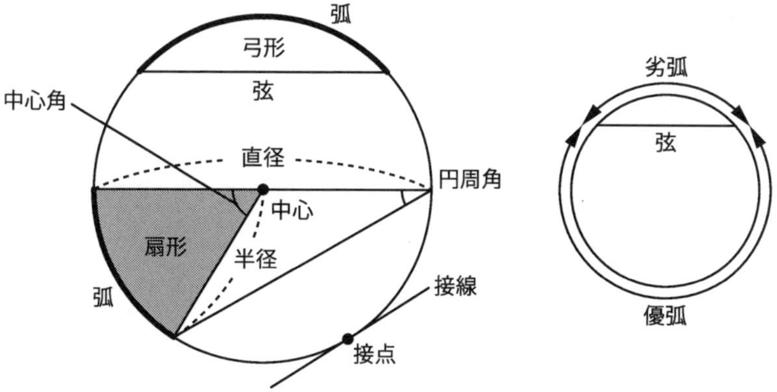

2. 扇形と弓形

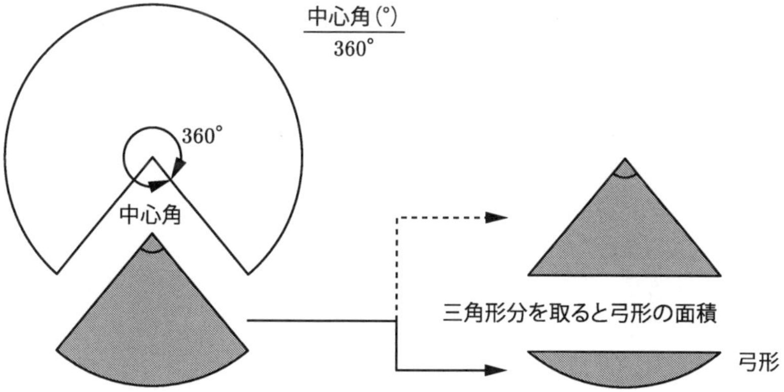

3. 外接円と内接円

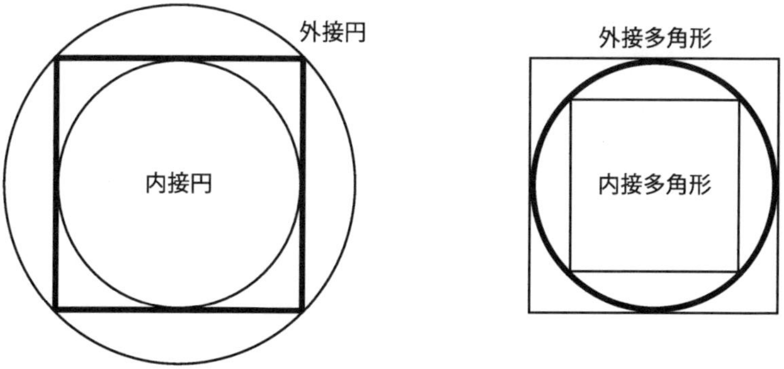

●円周率の算出方法

円周／直径を円周率（π《パイ》）といい、3.141592…と循環しない数字が無限に続く無理数である。円周=直径 $\times\pi$ とも示すことができ、半径を r《アール》（radius の r）とすると、円周 $=$ 直径 $\times\pi = 2\times r\times\pi$ となる。中学以上では $\times$ 記号を省略して、これを $2\pi r$ と書く。円は大きくしても小さくしても相似だから、どの大きさの円でも円周率は同じである。古代バビロニア、古代中国、旧約聖書では概数 3 で把握していたようである[*6]。

1. $\pi = 3$ ではない。

   実際は、直径の長さの縄を円周に合わせて 3 回幅取りしても少し足りないことから、円周率を正確に求める試みが繰り返されてきた。アルキメデスは円に外接、内接する正多角形を考え、内接正多角形周＜円周＜外接正多角形周の関係を利用し、円周率の値の幅を限定していく方法を考えた。

2. $3 < \pi < 4$

   わかりやすい数字として、内接正六角形周 $<$ 円周 $<$ 外接正方形周で考えてみよう。半径 r とすると内接正六角形周は半径を 1 辺とする 6 つの正三角形に分割できるので、1 辺は r で、周（6 辺）は $6r$ となる。一方外接正方形は 1 辺が直径と同じ長さなので周（4 辺）は $2r\times 4 = 8r$ となる。$6r < 2\pi r$（円周）$< 8r$ で $3 < \pi < 4$ となることがわかる。

3. 内接・外接正多角形での算出

   図は内接八角形の周囲の長さ $<$ 円周 $<$ 外接八角形の周囲の長さを示したものである。この方法を正 n 角形の n を増やすことによってより正確な π の値を限定していくことができる。アルキメデスは正 96 角形までこの計算を行った。

4. π を分数などで近似させる試み

   古代より、円周率を分数で近似させようという試みがなされてきた。一番わかりやすくて感動的な分数は 355/113 であろう。分母→分子と数字を見ていくと 113355 と並び、それを半分に分母、分子に分ければよいので覚えやすい。これで小数点以下 6 桁まで正確に示すことができる。

---

*6 多くのバビロニアの粘土板において、円周は直径の 3 倍とされている。同様に前 1〜2 世紀に中国で書かれた数学書『九章算術』第一巻 31 問はこう述べている。「いま周 30 歩、直径 10 歩の円田がある」。また紀元前 950 年ごろのソロモン王の治世を扱った旧約聖書『列王記』上 7:23 にはこう書かれている。「彼は鋳物の『海』を作った。直径 10 アンマの円形で、……周囲は縄で測ると 30 アンマであった」。（「カッツ 数学の歴史」共立出版）

1. $\pi=3$ではない。

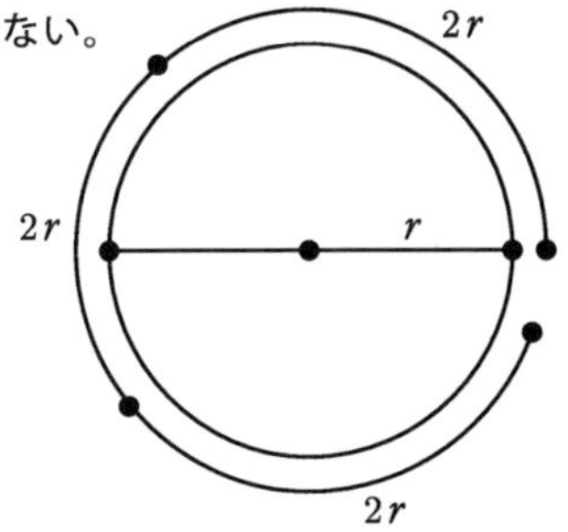

直径×π(円周率)＝円周
πは3より少し大きい数

半径 r で示すと
円周＝$2\pi r$

「$2r\times3$」より少し大きい。

2. $3<\pi<4$

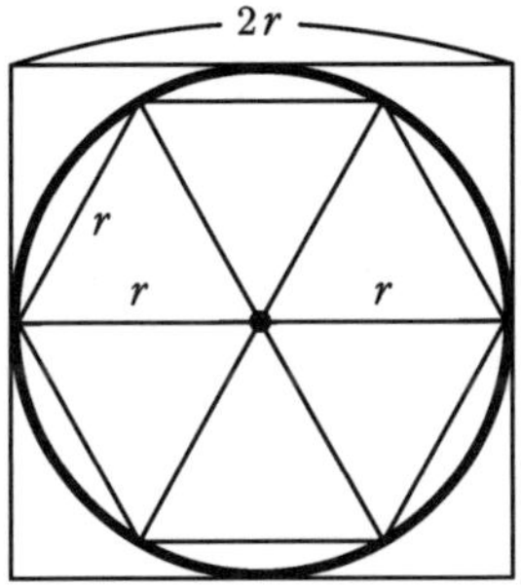

内接正六角形周＜円周＜外接正方形周

$6r<2\pi r<$直径$\times4$
$6r<2\pi r<8r$
$3r<\pi r<4r$
$3<\pi<4$

3. 内接・外接正多角形でのπの算出

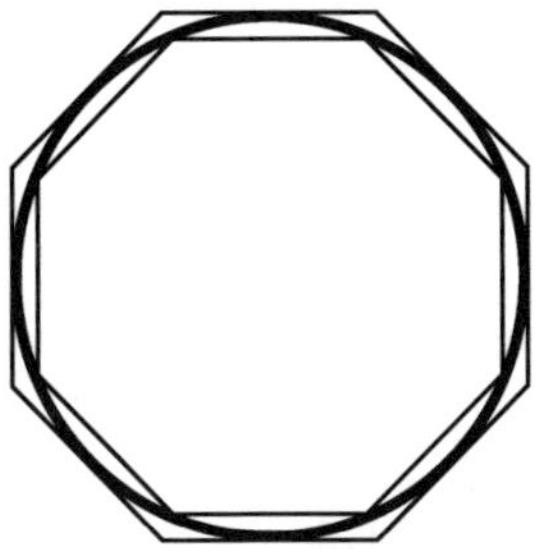

内接正n角形周＜円周＜外接正n角形周

4. πを分数などで近似させる試み

π(円周率)に近づく試み
$\pi=3.1415926535\cdots\cdots$

$3\frac{1}{7}=\underline{3.14}2\cdots$

$3\frac{1}{8}=\underline{3.1}25$

$4\times\left(\frac{8}{9}\right)^2=\frac{256}{81}=3\frac{13}{81}=\underline{3.1}6\cdots$

$\sqrt{10}=\underline{3.1}6\cdots$

$\frac{355}{113}=3\frac{16}{113}=\underline{3.141592}9\cdots$

●円の面積

円の面積はなぜ πr^2 になるのか図形的に説明できるだろうか？[*7] 古代から 2 つ有名な証明法がある。

1. ピザ細かく切り刻みモデル（私の勝手な命名）
   右図（上）のように円を 6 等分し、円周の部分をつなぎとめたままで開いて円周部分を直線に近くなるように並べる。もう一つ同じ円を同様にして上からかみ合わせる。2 つの円を使ったためできる図形の面積は円の面積の 2 倍である。この図では完全な直線ではなく丸みを帯びているが、底辺 2π（円周）、もう一つの辺の長さ r の平行四辺形である。r が傾いているためにそのまま高さと言えないので、面積が計算しにくい（$30°$、$60°$、$90°$ の直角三角形の辺の比を使えば計算できるが……）悩ましい形である。
   ところが右図（下）のように、円を 36 分割（中心角 $10°$）して、同じ 36 分割したもう一つの円を上からかみ合わせると、底辺は微妙に丸みがあるとはいえ、ほぼ $2\pi r$、高さが微妙に傾いているとはいえほぼ r のほぼ長方形に近づき、二円分の面積は $2\pi r \times r =$ ほぼ $2\pi r^2$ で、円の面積はほぼ πr^2 となる。この 36 分割を更に無限大個分割にしていくと底辺 $2\pi r$ の直線、高さ r の長方形に無限に近づくので、一つの円の面積は πr^2 となる。
2. 同心円超細糸への分割モデル（私の勝手な命名）
   内部を同心円状に細かく糸状に分割した円を、地面に立てるように置き、最上部から中心まで切れ込みをいれ、切れ込みから左右に注意深く開いて地面につける。その際、糸どうしに隙間ができないようにする。すると円の中心部の糸が最上部、円周（外側）の糸が地面（最下部）につく高さ r の三角形様のものができる。実際は中心部の糸にも長さがあり、各糸の長さは内側（上側）に行くと少しずつ短いので斜辺は直線でなく階段状になっている。しかし糸の分割を無限に細くしていくと、斜辺は直線、そして最上部は点に近づき、三角形（二等辺三角形）に近づく。底辺は円周（$2\pi r$）、高さ r の三角形なので、面積は $1/2 \times 2\pi r \times r = \pi r^2$ となる。

◆図形的に 円の面積 $\fallingdotseq 3.14 \times r^2$ であることを実感しよう

円の面積はなぜ πr^2 なのか？ 外接正方形と組み合わせるとわかりやすい。外接正方形を円との接点を結ぶ直径で 4 分割すると、1 辺 r の正方形（面積 r^2）4 個となり、面積は $4r^2$ である。円の面積は外接正方形に比べ、白の余白の部分だけ少ない。見た目のイメージでも、4 個の白の余白を集めると小正方形 1 個分ぐらいになりそうだ。

正確には円の面積は約 $3.14 \times r^2$ なので、余白の部分が小正方形 1 個弱（約 0.86 個）となる。数学は学年が進むにつれ、しだいに抽象的になるが、実感できる部分は実感することが大切である。特に幾何学（図形）は実感できやすい分野である。

[*7] r^2 は「r の 2 乗（じょう）」と読み、$r \times r$（r を 2 回掛けること）を意味する。つまり $\pi r^2 = \pi \times r \times r$ を示す。

1. ピザ細かく切り刻みモデル（私の勝手な命名）

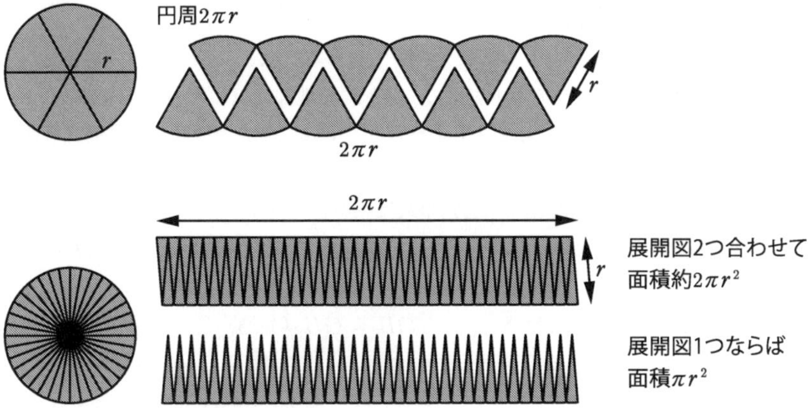

2. 同心円状の超細糸への分割モデル（私の勝手な命名）

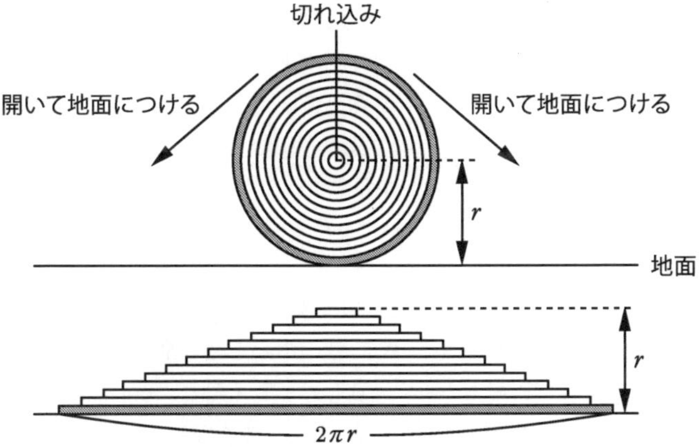

三角形の面積$=\frac{1}{2}\times$底辺$(2\pi r)\times$高さ$(r)=\pi r^2$

◆図形的に円の面積≒ 3.14 × r^2 であることを実感しよう。

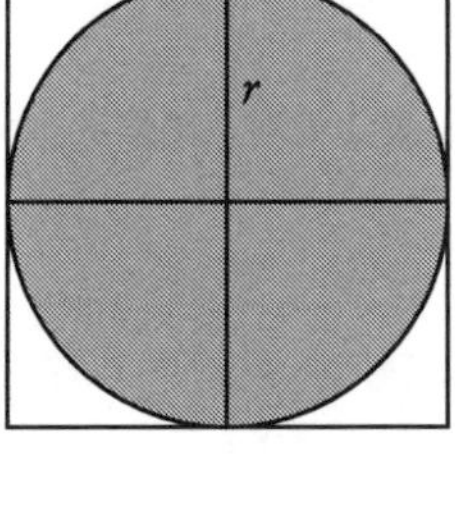

外接正方形の面積$=4\times r^2$（小正方形の4個の和）

円の面積$=\pi r^2≒3.14\times r^2$

白の余白部分は4と3.14の差の面積$=(4-3.14)r^2$
$=0.86r^2$

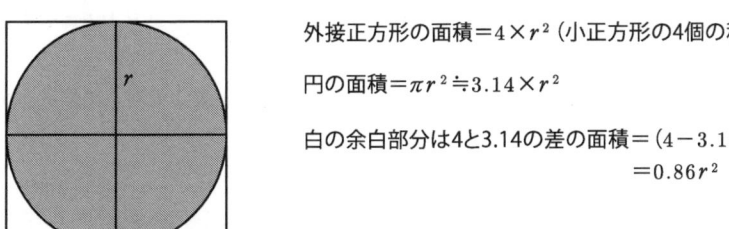

●円と弦、接線

円と弦、接線には図のように様々な関係がある。線と交錯した円の対称性は美しい。3. などは、日常生活で自転車の車輪のタイヤの接地部では、その都度内部のスポークが地面（接線）と垂直になることで、実感できる。では、それが同時に数学的に証明できることも確認していこう。

1. 中心から任意の弦に下ろした垂線は弦を二等分する。

   【証明】中心と弦の両端を結ぶ半径を描く。$\triangle OAH$ と $\triangle OBH$ において、OH は中心 O から弦 AB に下ろした垂線なので、$\triangle OAH$、$\triangle OBH$ は直角三角形。$OA = OB$（円の半径）（①）、$OH = OH$（共通）（②）。①②より斜辺と 1 辺がそれぞれ等しいので直角三角形の合同条件[*8]を満たし、$\triangle OAH \equiv \triangle OBH$（三本線 $\equiv$ は合同を表す）。よって $AH = BH$。よって垂線は弦を二等分する。

   逆に弦の垂直二等分線は円の中心を通るとも言える。

2. （一直線上にない）3 点を通る円は 1 つに決まる。

   2 点を通る円は、様々な半径の円がその 2 点の両側に無数に描ける。但し、描ける円は 2 点を結ぶ線分の垂直二等分線上に中心がある円のため、垂直二等分線に「串刺し」されるように規則的に並ぶ。一直線上の 3 点を通る円は 3 点のうちの任意の 2 点を結ぶ 2 つの線分の垂直二等分線の交点が中心となり、その中心からの各点までの距離（半径）も一つに決まり、一つの決まった円となる。

   但し、3 点が一直線状上にある場合はそもそも円は描けない。

3. 接点と中心を結ぶ半径と接線は垂直となる。

   1. で考えた「中心から弦に下ろした垂線は弦を二等分する」において、弦をできるだけ短くしても、円の中心からその短い弦の中心を通る垂線を下ろせる。その弦が無限に小さくなりほぼ円周上の点に一致したと考えると、その点が接点、そしてその接点を含む接線と、円と接点を結ぶ半径とは、垂直である。

4. 円外のある点から円に引いた 2 接線の接点までの長さは同じとなる。

   【証明】$\triangle PAO$ と $\triangle PBO$ において、$\angle PAO = \angle PBO = 90^\circ$ で $\triangle PAO$ と $\triangle PBO$ は直角三角形。$OA = OB$（半径）（①）。また $OP = OP$（共通）（②）。①②より直角三角形で斜辺ともう一つの辺がそれぞれ等しいので $\triangle PAO \equiv \triangle PBO$。よって $PA = PB$。

   （また図より、円外の点と円の中心を結ぶ線（PO）は 2 接線の作る角 $\angle APB$ の角の二等分線であることもわかる。）

[*8] 合同とは二図形の対応する辺や角の大きさが全て等しいこと。直角三角形の合同条件とは「斜辺ともう 1 辺がそれぞれ等しい」「斜辺と 1 つの鋭角がそれぞれ等しい」。

1. 中心から任意の弦に下ろした垂線は弦を二等分する。

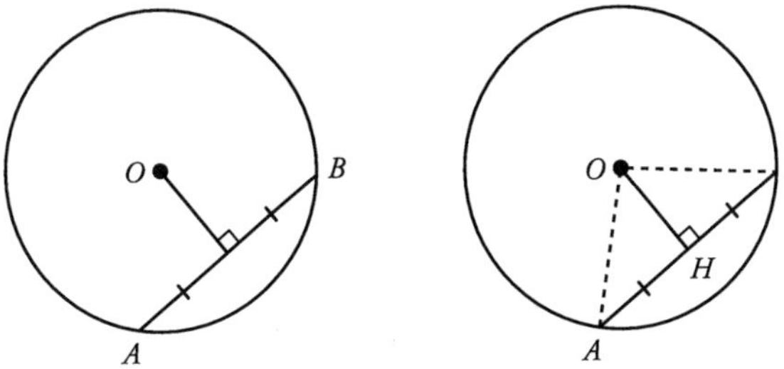

$\triangle OAH$と$\triangle OBH$は
合同なので、
$AH = BH$

2. (一直線上にない) 3点を通る円は1つに決まる。

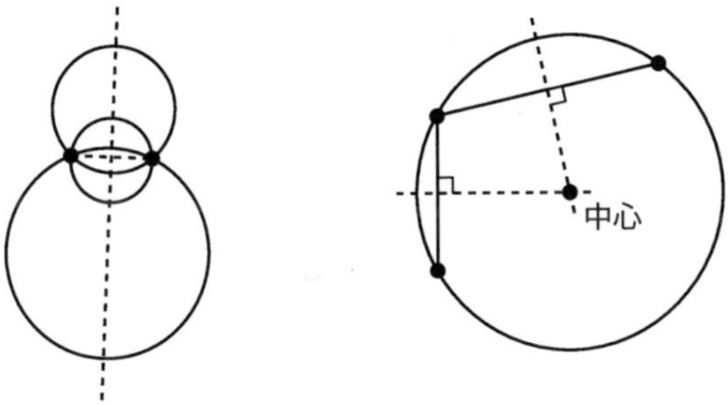

3点が一直線上にある場合は
円は描けない。

3. 接点と中心を結ぶ半径と接線は垂直となる。

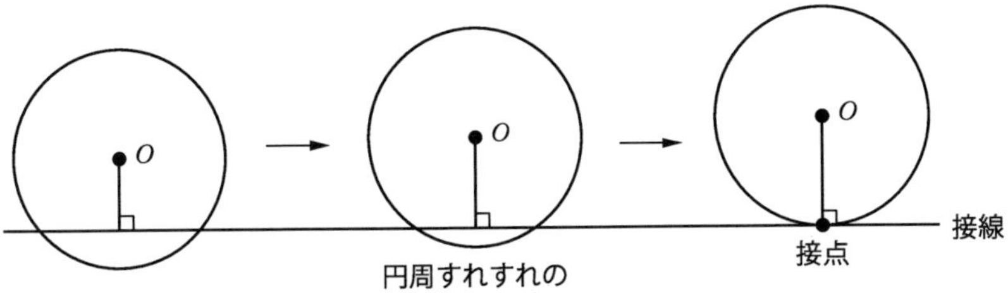

円周すれすれの
非常に短い弦を
考えてみる。

4. 円外のある点から円に引いた2接線の接点まで
長さは同じ長さとなる。

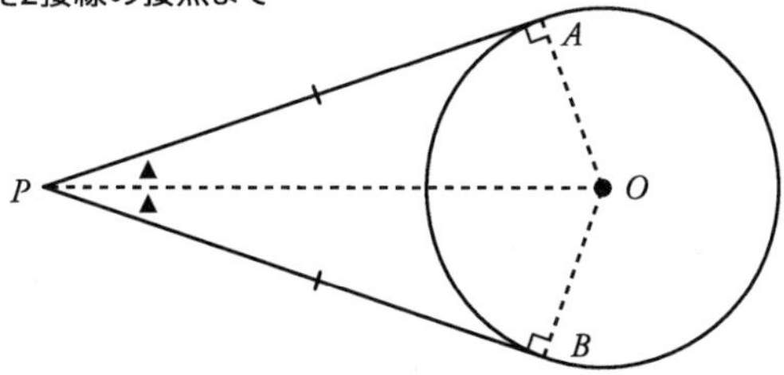

●三角形の五心（外心、内心、重心、垂心、傍心）と円

三角形には五心と言われる 5 つの中心があり、うち 3 つが円に直接関連している。

1. 外心 (circumcenter) と外接円 (circumcircle)：三角形に外接する、つまり 3 頂点と外側から接する円を外接円といい、その中心を外心という。外心は 3 辺の垂直二等分線の交点である。

   【外心が 3 辺の垂直二等分線の交点であることの証明】

   外心と 3 頂点の距離は等しい（外接円の半径となる）ので $OA = OB = OC$。$\triangle ABC$ において BC、CA、AB の中点を D、E、F とし、OD を結ぶ。$\triangle OBD$ と $\triangle OCD$ において $OB = OC$（仮定）（①）。D は中点なので $BD = CD$（②）。$OD = OD$（共通）（③）。①②③より 3 辺が等しいので $\triangle OBD \equiv \triangle OCD$。よって対応する角は等しいので $\angle ODB = \angle ODC$（④）。B、D、C は直線上の点なので $\angle BDC = 180^\circ$（⑤）。④⑤より $\angle ODB = \angle ODC = 90^\circ$。よって $OD \perp BC$[*9]。よって OD は BC の垂直二等分線である。同様な証明が $\triangle OAB$、$\triangle OAC$ についても成立するので、外心は 3 辺の垂直二等分線の交点とわかる。

2. 内心 (incenter) と内接円 (incircle)：三角形に内接する、つまり 3 辺に内側から接する円を内接円といい、その中心を内心という。内心は 3 角の角の二等分線の交点である。その証明は前頁 4. と同じとなる。内接円の半径を r、中心を I とすると、$\triangle ABC$ の面積は、$\triangle IAB$、$\triangle IBC$、$\triangle ICA$ の高さが全て r になることを利用して、$\triangle ABC{=}\triangle IAB{+}\triangle IBC{+}\triangle ICA = 1/2{\times}AB{\times}r{+}1/2{\times}BC{\times}r{+}1/2{\times}CA{\times}r = 1/2 \times (AB + BC + CA) \times r$（3 辺の長さの総計 × 内接円の半径 ÷2)。

3. 重心 (center of gravity)：その三角形の板を糸でつりがけた時につりあって水平になる点である。各頂点と対辺の中点を結んだ線分の交点となり、重心はこの線分を 2 : 1 に内分する[*10]。(重心を G とすると $AG : GD = BG : GE = CG : GF = 2 : 1$)

4. 垂心 (orthocenter)：各頂点から対辺に下ろした 3 垂線の交点。

5. 傍心 (excenter) と傍接円 (excircle)： $\angle A$ の二等分線と $\angle B \angle C$ の外角（$\angle A$ の二等分線が通る側）の二等分線の交点は 1 点で交わる。これを傍心といい、傍心を中心として BC に接する円を傍接円といい、これは $AB \cdot AC$ の延長線とも接する。同じ形で $\angle B$、$\angle C$ に対する傍接円も描けるので、傍心、傍接円は 3 個あり、傍心 3 つを結ぶ三角形を傍心三角形という。

---

*9 ⊥は垂直を表す。また以下で、三角形についての = は面積が等しいことを示している。合同でなく、図形の形が違ってもよいので、$\triangle ABC$=四角形 $DEFG$ ということもありうる。

*10 証明はスペースの都合上略。

1. 外心 (*circumcenter*) と外接円(*circumcircle*)

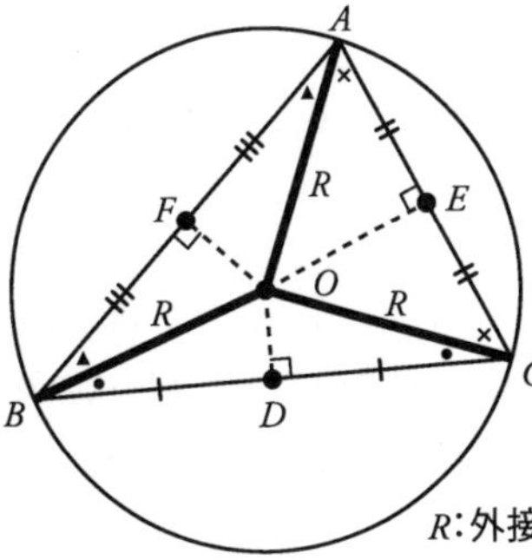

R: 外接円の半径

2. 内心 (*incenter*) と内接円 (*incircle*)

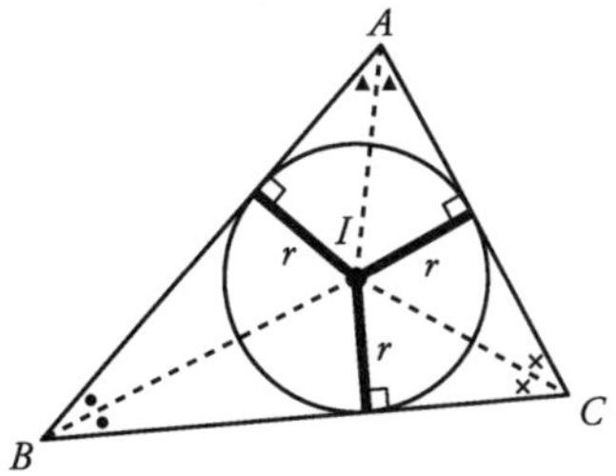

r: 内接円の半径

3. 重心 (*center of gravity*)

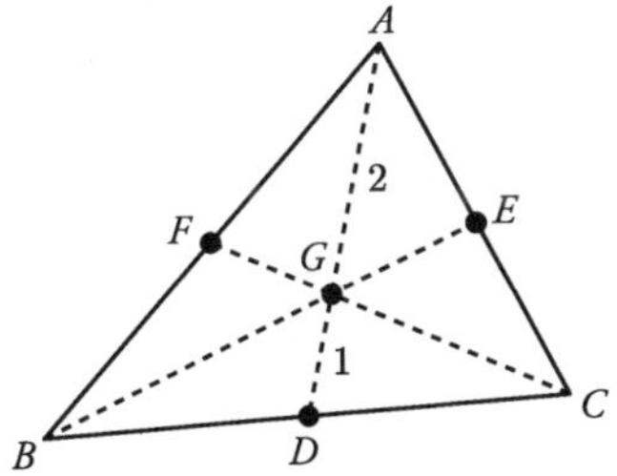

4. 垂心 (*orthocenter*)

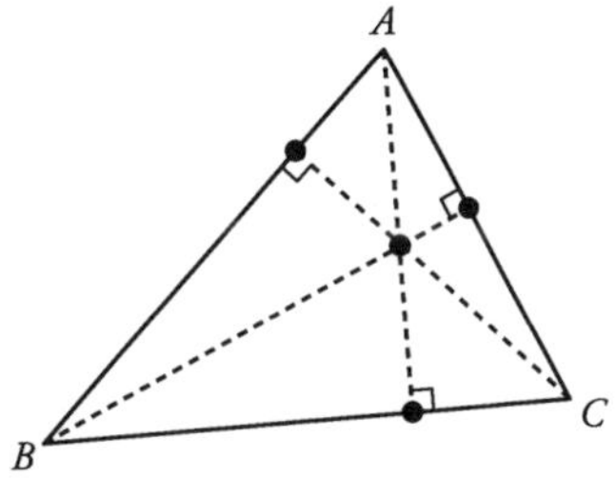

5. 傍心 (*excenter*) と傍接円 (*excircle*)

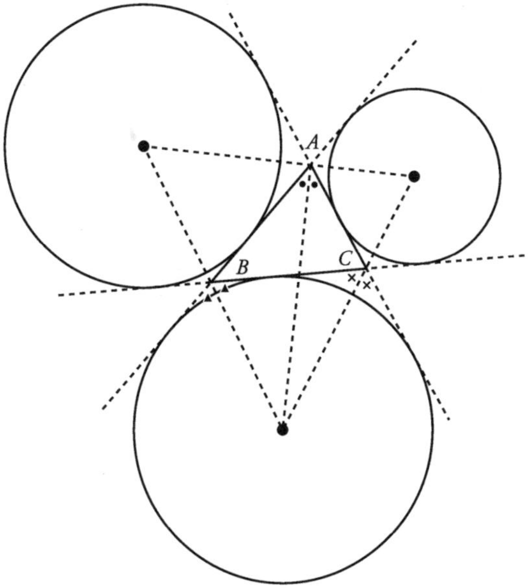

●正三角形の五心

前頁で述べた三角形の五心は、3 角 3 辺ともに等しい正三角形 (regular triangle) ではどうなるだろうか？

1. 正三角形の性質

   3 角が等しく、三角形の内角の和は 180° なので $\angle A = \angle B = \angle C = 60°$ となる。3 辺も等しく、$BC = CA = AB$ と表現できるが、辺をこのように 2 頂点で表記することは煩雑なので、数学を学ぶにつれ次のような別の表記になっていく。頂点の反対側の辺を対辺といい、A、B、C の対辺は BC、CA、AB となる。その対辺を頂点のアルファベットの小文字で表すとシンプルに a、b、c と表現できる。数学の学問上はこの小文字表記が一般的である。

2. 正三角形と円

   正三角形においては、各頂点と対辺の中点を結ぶ線は垂直二等分線で、かつ角の二等分線でもある。したがって、外心、内心、重心、垂心はすべて一致する。そして右図で重心が $AO : OD = 2 : 1$ であることを思い起こすと、R（外接円半径）$= AO = 2OD = 2r$（内接円半径）となる。内心と外心は同じなので内接円と外接円は同心円（中心が共通で中心を多重にとりまく円）となる。証明まで余白が少なくて書けないが、この形の美しさを感じてほしい。

   3 つの傍心と傍接円は別となるが、3 傍心を結ぶ傍心三角形は元の三角形を上下反転させ 2 倍に拡大した正三角形となる規則正しい形となる。

3. 内接円・内心を活用し、正三角形の面積を 12 等分する方法は？

   正三角形と円がらみで、美しい形を説明したところなので、この問題は次頁をめくる前に少し考えてほしい。円関係の作図では普通コンパスを使うが、この問題はコンパスを使わずに解ける。(次頁に答)

   ヒント

   - 右頁に示した設問が「等しい 12 の正三角形」ではなく「12 の三角形」となっている点に注目。必ずしも正三角形とは限らない。
   - 底辺の長さと高さが同じならば、形が異なっていても面積は同じ三角形となる。

1. 正三角形の性質

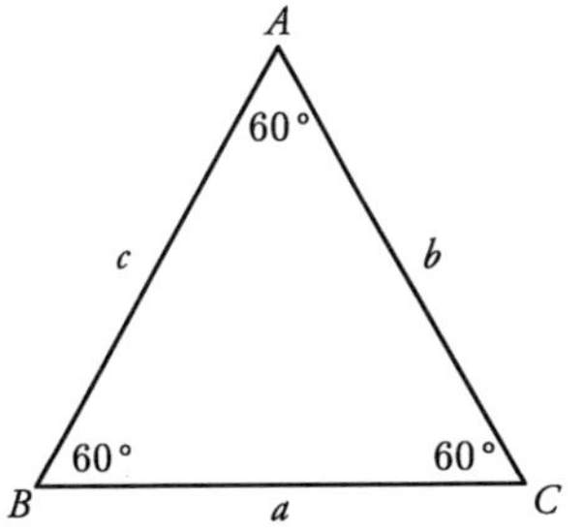

$\angle A = \angle B = \angle C = 60°$
$BC = CA = AB$
$(a=b=c)$

2. 正三角形と円

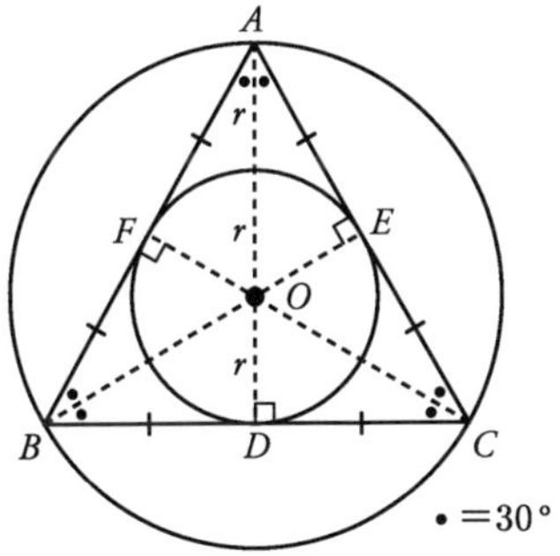

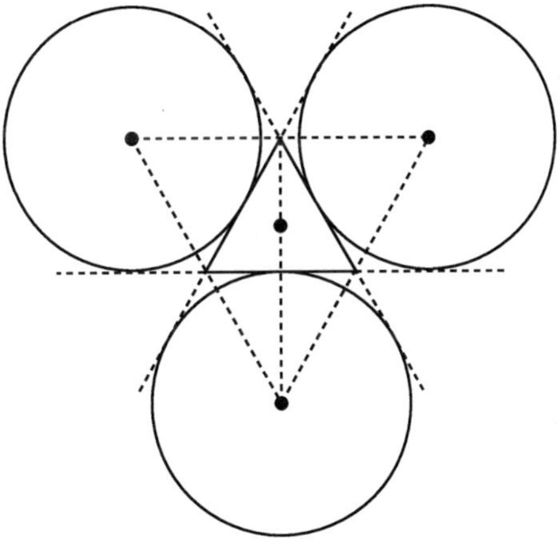

外心＝内心＝重心＝垂心
R(外接円半径)＝$2r$(内接円半径)

3. 内接円・内心を活用し、正三角形の面性を12 等分する方法は?

正三角形の中に内接円とその中心Oが書いてある。
この正三角形を面積が等しい12の三角形に定規だけを使って(線を引くだけで)、分割せよ。

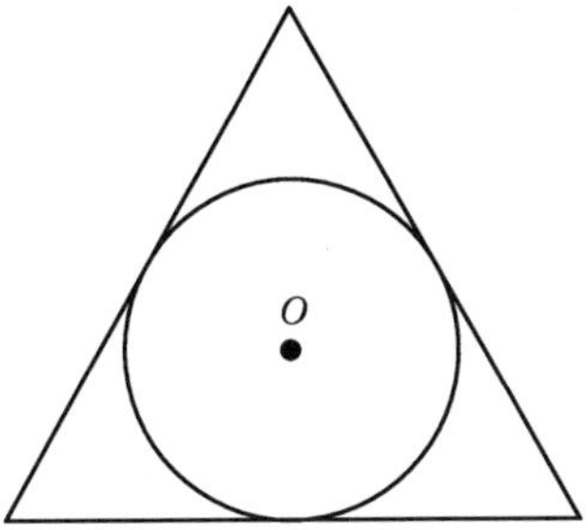

●正三角形と正六角形の面積

1. 内接円・内心を活用した正三角形の面積 12 等分法（前頁問題の答）
   (a) まず、各頂点と内心を結ぶ線分を対辺まで延長して引く。これを 3 頂点について描くと、6 つの合同な直角三角形に分割される。色塗りした部分は 6 分割の 1 区画となる。
   (b) 次に内接円と線分との 6 交点を順に結ぶと正六角形となり、もとの正三角形は 12 区画に分割される。ただし、正六角形内 6 分割の正三角形と頂点付近の 6 つの三角形（二等辺三角形）は合同ではない。この 2 種の三角形の面積が等しければ面積 12 等分となる。
   (c) $\triangle KDO$（正三角形）と $\triangle BKD$（頂点付近二等辺三角形）を比較する。前頁で確認した通り、$BK = KO$（内接円の半径 R)。これを底辺とみなすと、各三角形の高さはともに D から BO に下ろした垂線 DH となる。$\triangle KDO$ と $\triangle BKD$ は底辺と高さが同じなので同じ面積である。$\triangle BKD = \triangle KDO$。よって三角形は 12 等分されている。
2. 万華鏡の模様のように規則正しく美しい正六角形
   ここで少し余談になるが、正六角形の内部の分割を見て、その均整な性質を見ていこう。正六角形は形が円に近いだけでなく、対角線などで分割しても万華鏡のような美しさとなる。
   (a) まずは上の問題のように離れた頂点同士を結んで 6 分割すると正三角形となり、各辺は外接円の半径の長さとなる。塗った部分の面積は全体の 1/6。
   (b) 次に一つ飛びで頂点を結ぶと二等辺三角形が外側と内側にできるが、この面積（図の塗った部分）の面積はどうだろうか？ 底辺は R で高さは先ほどの正三角形の高さ h と同じとなる。よってこの部分の面積も全体の 1/6 である。
   (c) 更に図のように全ての頂点を結びあうと、先ほどの図形が更に 4 分割される。中心線を無視して 3 分割ととらえてみる。すると図のように正三角形と二等辺三角形の組み合わせとなり、底辺にあたる長さは等しく高さも等しいので黒と白で塗り分けた部分は 1/6 の更に 1/3 ずつとなる。つまり各部位の面積は全体の 1/18 となる。

1. 内接円・内心を活用した正三角形の面積12等分法（前頁問題の答）

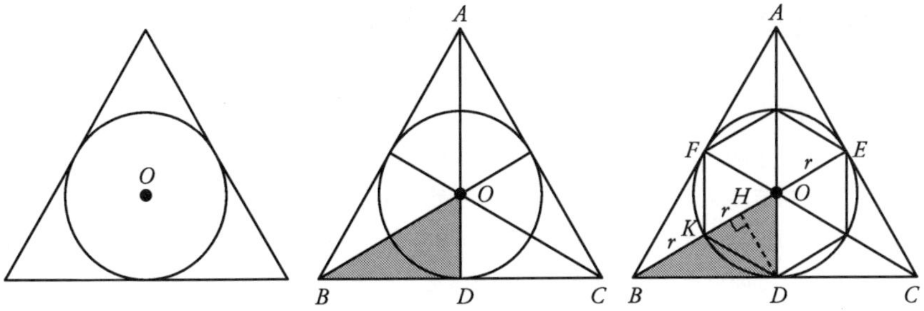

△*BKD*の面積＝△*KDO*の面積
（△*BKD*=△*KDO*）

2. 万華鏡の模様にように規則正しく美しい正六角形

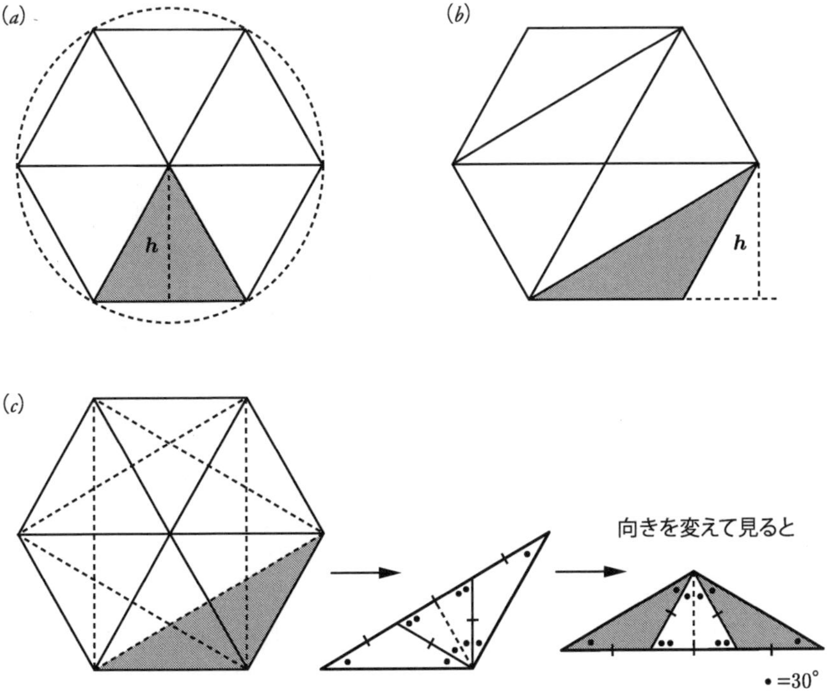

●円と正多角形（正六角形）の比較

ともに美しく形が近い円と正六角形を比較してみよう。

1. 曲線か線分？

   図形の線上を点が反時計回りに移動するイメージで考えてみよう。円は曲線がずっと続き 1 回転し、正六角形は線分が計 6 回「くいっ」と方向を変えて 1 回転続く。円は曲線、正六角形の各辺は線分である。移動途中のある瞬間の円周上の点は一瞬は、その点を含み円周と 1 点で接する「接線」という直線上を進んでいるようにも見える。だが次の瞬間には、点も接線もずれるので、直進しているわけではない。一方、正六角形では線分（辺）上を点は直進し、ある点（頂点）で方向を変え、次の線分（辺）上を移動する。ここで正六角形の内角の和を考えよう。正六角形では対角線は 3 本引くことができ、$6-2=4$ 個の三角形に分割されるので、内角の和は $180^\circ\times(6-2)=720^\circ$ である。内角一つは $720^\circ/6{=}120^\circ$ となる。円は正 n 角形の n を無限大にしたものであり、円は正 ∞ 角形と考えることもできなくはない。

2. 点対称か？

   ある点を中心に 180° 回転させるともとの形にぴったりと重なる図形は点対称であるという。点対称であるためには回転の中心から、回転で重なる 2 点までの長さが等しい必要があるが、円も正六角形もそれを満たすので点対称である。

3. 線対称か？

   一つの直線を折り目にして折った時、折り目の両側がぴたり重なる図形は線対称であるといい、その直線を「対称の軸」という。円は中心を通る全ての直径を「対称の軸」として、円を面積 2 分割しても必ず線対称であるが、正六角形では点対称の中心を通る直線で面積 2 分割した時でも、必ず線対称になるとは限らない。

4. 線上をころがすとどうなるか？

   円の場合は何度転がしても横から見える形は同じで、線とは 1 点で接し続ける。正六角形の場合は、1 辺が線と重なっている状態から時計回りに回転させると、回転させはじめた瞬間、1 頂点のみと接点を持つようになり、30° で高さが最も高くなり、60° で次の辺が線と重なる。0°〜60° で横から見える像は変わっていく。乗り物の車輪は「円」でないと安定した回転を持続できない。

5. 平面に敷きつめると……

   平面に円を敷きつめた場合、どうしても隙間が残る。一方正六角形では丁度 120° の内角が 1 個 1 点で集まった形を繰り返し作ることができ隙間なく敷きつめることができる。対称性は円のほうが強かったが、収納効率は正六角形のほうが大きい。六角柱の並んだ蜂の巣は、巣の空間を効率よく使っているのである。

1. 曲線か線分か？

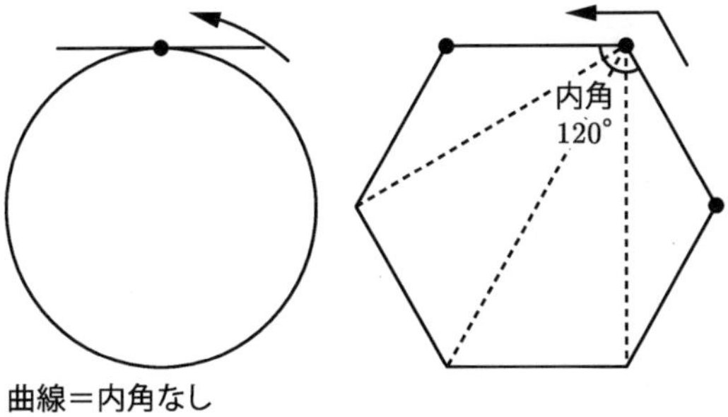

内角の和$=180^\circ\times(6-4)=720^\circ$

1つの内角$=\dfrac{720^\circ}{6}=120^\circ$

2. 点対称か？

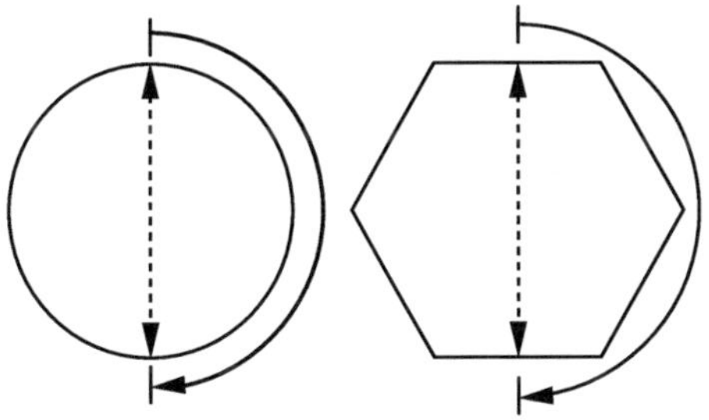

3. 線対称か？

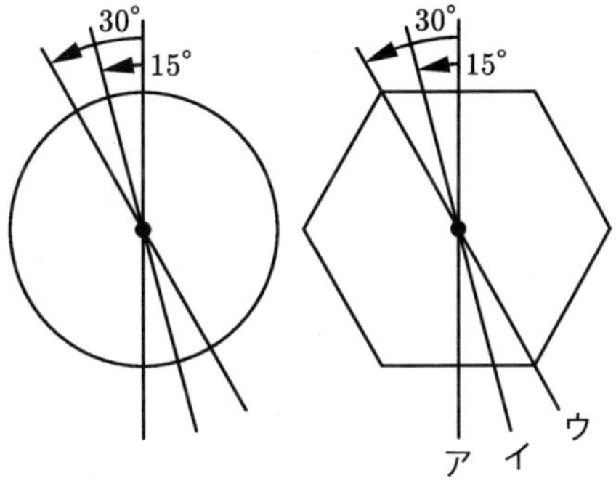

4. 線上をころがすとどうなるか？

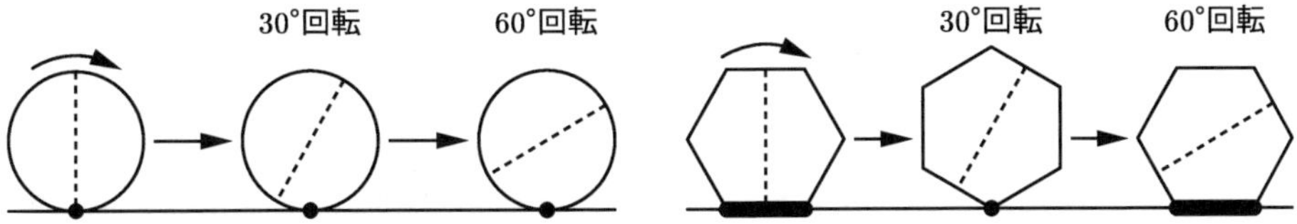

●=線と接している部分

5. 平面に敷きつめると・・・・

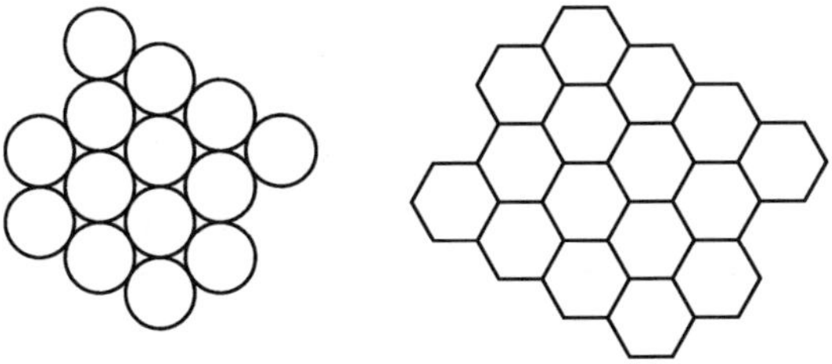

●円周角の定理（タレスの定理）

1. 円周角の定理「同じ弧に対する円周角はすべて等しく中心角の半分」
   弧の両端の 2 点と弧以外の円周上の 1 点を結んだ 2 線分が作る角度を円周角、弧の両端と中心を結んだ 2 線分が作る角度を中心角という。右図では $\angle APB$ が円周角で、ア、イ、ウとも同じで、中心角 $\angle AOB$ の半分である。
   【証明】中心角と円周角の位置から 3 つに区分して考える。
   - ア（点 P が弧の片側の点と中心を結ぶ直線上にある。POB が直径）：$\triangle OPA$ は $OP = OA$（半径）なので O を頂角とする二等辺三角形で、その底角は等しい。$\angle OPA = \angle OAP$（図の●）。$\triangle POA$ で頂点 O の外角 $\angle AOB$ は隣り合わない 2 内角の和に等しいので $\angle AOB$（中心角）$= \angle OPA + \angle OAP = 2\angle OPA$（円周角）。よって中心角は円周角の 2 倍。
   - イ（点 P が弧 AB から遠い位置にある）：PO を延長し、円周と交わる点を Q とする。$\triangle OAP$ は $OP = OA$ の二等辺三角形で底角が等しく $\angle OPA = \angle OAP$。$\triangle OAP$ で外角 $\angle AOQ$ は隣り合わない 2 内角の和に等しいので、$\angle AOQ = \angle OPA + \angle OAP = 2\angle OPA$（図の××）（①）。$\triangle OPB$ についても同様に $\angle BOQ = 2\angle OPB$（図の▲▲）（②）。①②より $\angle AOQ + \angle BOQ = 2\angle OPA + 2\angle OPB$。よって $\angle AOB = 2\angle APB$。
   - ウ（点 P が弧の片端に近い位置にある）：PO の延長線が円周と交わる点を Q とする。$\triangle OBP$ は $OB = OP$ の二等辺三角形で底角は等しいので $\angle OPB = \angle OBP$。外角は隣り合わない 2 内角の和なので $\angle QOB = \angle OPB + \angle OBP = 2\angle OPB$（①）。$\triangle OAP$ は $OA = OP$ の二等辺三角形で底角は等しく $\angle OAP = \angle OPA$。外角は隣り合わない 2 内角の和なので $\angle QOA = \angle OAP + \angle OPA = 2\angle OPA$（②）。①②より、$\angle QOB - \angle QOA = 2\angle OPB - 2\angle OPA$。よって $\angle AOB = 2\angle APB$。
2. 弧の長さと円周角
   同じ円で弧が異なる位置にあっても長さが同じならば、同じ図が描けるので中心角は等しい。また逆に中心角が等しければ、弧の長さは等しい。
3. 半円に対する円周角は 90°（タレスの定理）
   半円の中心角は 180° なので、半円に対する円周角は 90° となる。したがって半円上に 1 頂点をとると、直径を斜辺とする直角三角形が描ける。これを発見者である古代ギリシャの哲学者タレスの名にちなんでタレスの定理という。
   直角三角形の外接円を描くと、斜辺が直径、その中点が中心となる。そして中心と直角になる頂点を結ぶと図のように 3 つの半径 $OA = OC = OB$ となり、2 つの二等辺三角形 $\triangle OAC$、$\triangle OCB$ はそれぞれ底角が等しいので、$\angle OAC = \angle OCA$（図の●）。$\angle OCB = \angle OBC$（図の▲）。そして向きを変えると上図と同じで、半円に対する円周角であることがよくわかる。

1. 円周角の定理「同じ弧に対する円周角はすべて等しく中心角の半分」

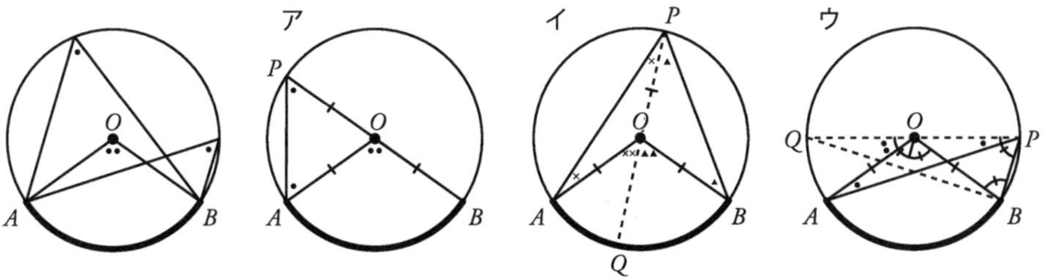

2. 弧の長さと円周角

同じ円に関して弧の長さが同じならば円周角は等しい。
逆に円周角が同じならば弧の長さは等しい。

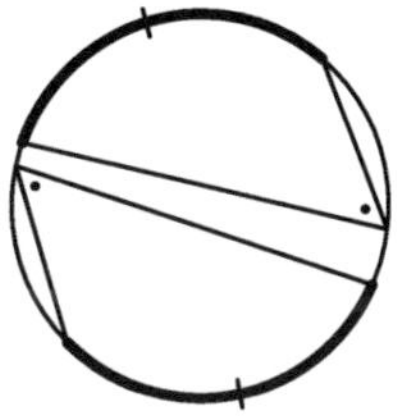

3. 半円に対する円周角は90°（タレスの定理）

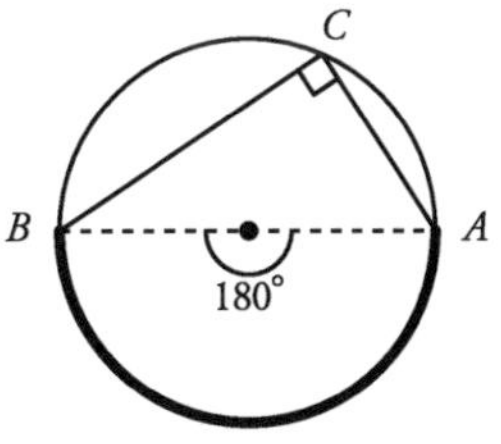

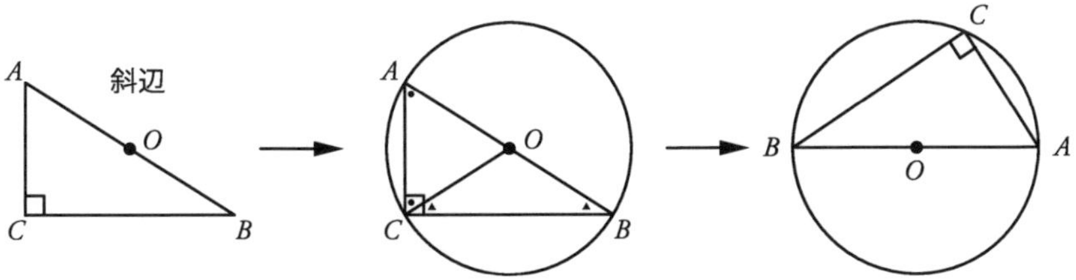

直角三角形の外接円を描くと斜辺を直径、斜辺の中点を中心とする円となる。
OA＝*OC*＝*OB*であることにも注目。

回転させると上図と同じ

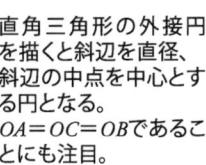

●円周角の定理の応用

1. 直径両端と円周上の他の 2 点を結ぶと、斜辺を共有した直角三角形が 2 つできる。
   前頁の「タレスの定理」で学んだように、直径の両端と円周上に 2 点を考える。図（左）のようにその 2 点が直径をはさんで反対側にあるとき、$\triangle ACB$ と $\triangle ADB$ はそれぞれ直角三角形になり、四角形 $ACBD$ は 1 組の対角が $90°$ の内接四角形となる。図（右）のようにその 2 点が同じ半円側にある場合、$\triangle ACB$ と $\triangle ADB$ の 2 つの直角三角形が重なって描ける。その 2 つの形は四角形と円との関係の一つの基本となる。
2. 斜辺を共有する 2 つの直角三角形の 4 頂点は同じ円周上にある。
   1. の逆を考えてみよう。図のように 4 点を結ぶ線分の関係に 2 つ直角がある場合は、その 4 点は同じ円周上にある。2 図上段の場合四角形 $ADBC$ には外接円が描け、AB はその外接円の直径となる。2 図下段の場合も 4 点は同じ円周上にあり、四角形 $ABDC$ には外接円が描け、AB はその直径となる。
3. 四角形に外接円が描ける条件は？
   1.、2. で直角のことを強調したが、直角の存在が四角形に外接円が描ける条件ではない。図のように角や対角線と辺が作る角度の中に直角がない場合でも外接円が描けることもある。つまり 4 頂点は同じ円周上にある。
4. 四角形には外接円が描けないこともある。
   外接円が描ける四角形ばかりを説明してきたが、四角形には外接円が描けないものもある。p.4 で述べたように、同じ直線上にない 3 点を通る円は必ず一つ描ける。つまり三角形は必ず外接円が描ける。図の ABC に点 D と E を加えて、四角形 $ABCD$ か四角形 $ABCE$ を考えてみよう。$\triangle ABC$ の外接円の円周上にある D では、$ABCD$ が同じ円周上にあるので、四角形 $ABCD$ には外接円が描ける。しかし円周上にない E を含む四角形 $ABCE$ には外接円が描けない。
   つまり四角形は外接円が描ける四角形と、描けない四角形に分けられる。その区分はどうなるのだろうか？

1. 直径両端と円周上の他の2点を結ぶと、斜辺を共有した直角三角形が2つできる。

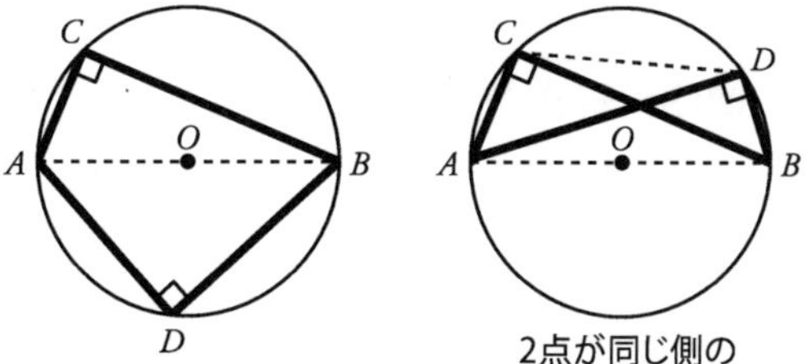

2点が反対側の半円上の場合

2点が同じ側の半円上の場合

2. 斜辺を共有する2つの直角三角形の4頂点は同じ円周上にある。

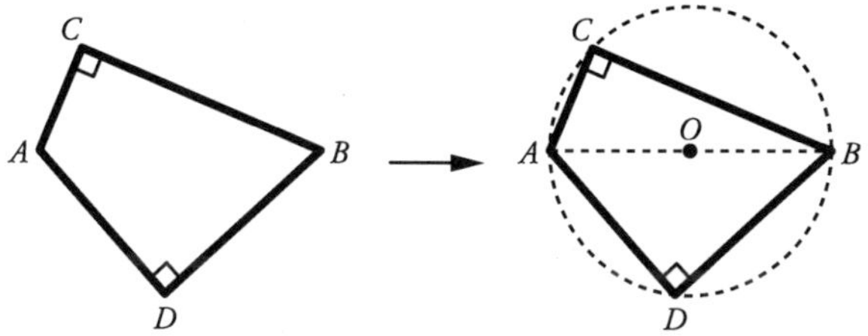

「四角形*ABDC*には外接円が描ける」とも表現できる。

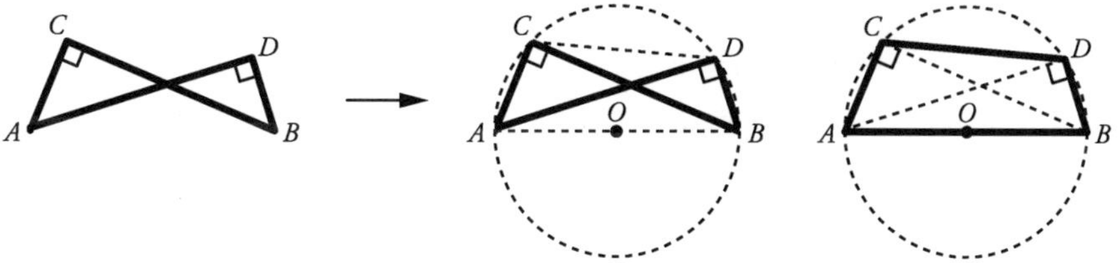

3. 四角形に外接円が描ける条件は？

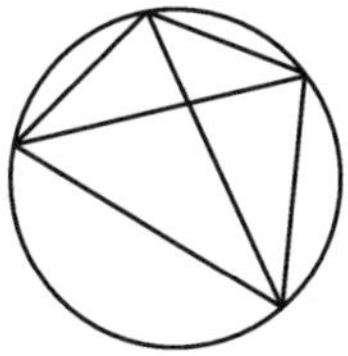

辺や対角線と辺が作る角のどこにも直角はないが外接円が描ける。

4. 四角形には外接円が描けないこともある。（4点は同じ円周上にないこともある）

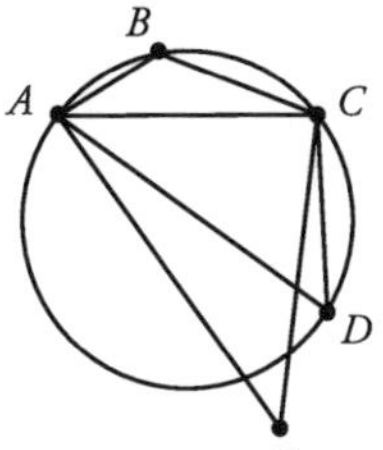

同じ直線上にない3点を通る円は必ず1つに決まり描ける。
（三角形には外接円が描ける）

↓

しかし4点を通る円は描けないこともある。
（四角形には外接円が描けないこともある）
図で*ABCD*の外接円は描けるが、*ABCE*の外接円は描けない。

↓

では外接円が描ける四角形の条件は？

●四角形の性質と種類

1. 四角形の種類と名称 ～平行四辺形は台形の、ひし形・長方形は平行四辺形の一種～
   四角形は 1 つの内角だけ 180° より大きいのでブーメラン状になる凹四角形と、すべての内角が 180° より小さい凸四角形に分類される。凸四角形の内角は 180° より小さければよく、鈍角（90° より大きい角）でもよい。凸四角形の中には、台形、平行四辺形、ひし形、長方形、正方形などがあるが、台形⊃平方四辺形⊃長方形⊃正方形、あるいは、台形⊃平行四辺形⊃ひし形⊃正方形、であることに注意してほしい。A ⊃ B は B は A の中に含まれるという意味である。つまり正方形は長方形あるいはひし形の一部であり、長方形あるいはひし形は平行四辺形の一部であり、平行四辺形は台形の一部である。正方形はひし形の一部なので、「ひし形を描きなさい」と指示された場合、正方形を描いても間違いではないが、普通は正方形ではない細長いひし形を描く。つまり人は、普通「台形」「平行四辺形」「ひし形」「長方形」と言われれば、それぞれ「平行四辺形ではない台形」「長方形やひし形ではない平行四辺形」「正方形でないひし形」「正方形ではない長方形」をイメージする。ただ、正確には、台形⊃平方四辺形⊃長方形⊃正方形、台形⊃平行四辺形⊃ひし形⊃正方形、なので、正方形はひし形や長方形の性質も持ち、ひし形や長方形は平行四辺形の性質も持ち、平行四辺形は台形の性質も持つ。区別できるように、正方形を含むひし形を「ひし形（広義)」、正方形を除外したひし形を「ひし形（狭義)」とここでは呼ぶことにする。
2. 外接円が描ける四角形と描けない四角形
   外接円を描けるか否かで整理すると、凸四角形（狭義）は描けるものと描けないものに分かれる。描けるものの中には「たこ形」と呼ばれることもある、隣り合う 2 辺どうしが等しく対角線が直交するもので、かつ 2 内角が直角であるものが含まれる。台形（狭義）では等脚台形のみが外接円が描ける。平行な 2 辺が外接円の弦となり、p.4 に書いたように弦の垂直二等分線は中心を通る。この垂直二等分線で左右対称となる等脚台形のみ外接円が描けるが、その他の台形（狭義）は描けない。平行四辺形（狭義）とひし形（狭義）は、対角線の交点を中心として、短い対角線を基準に円を描くと、残りの 2 頂点は円の外に位置し、長い対角線を基準に円を描くと、残りの 2 頂点は円の内部に位置するので外接円は描けない。長方形（狭義）と正方形（両方合わせて長方形（広義））は、前頁で説明した 2 直角を持つ四角形なので外接円が描ける。「とがった四角形」には外接円が描けないものが多い、というイメージで捉えられなくもないが、もっと正確な規則性はないだろうか？

1. 四角形の種類と名称～平行四辺形は台形の、ひし形・長方形は平行四辺形の一種～

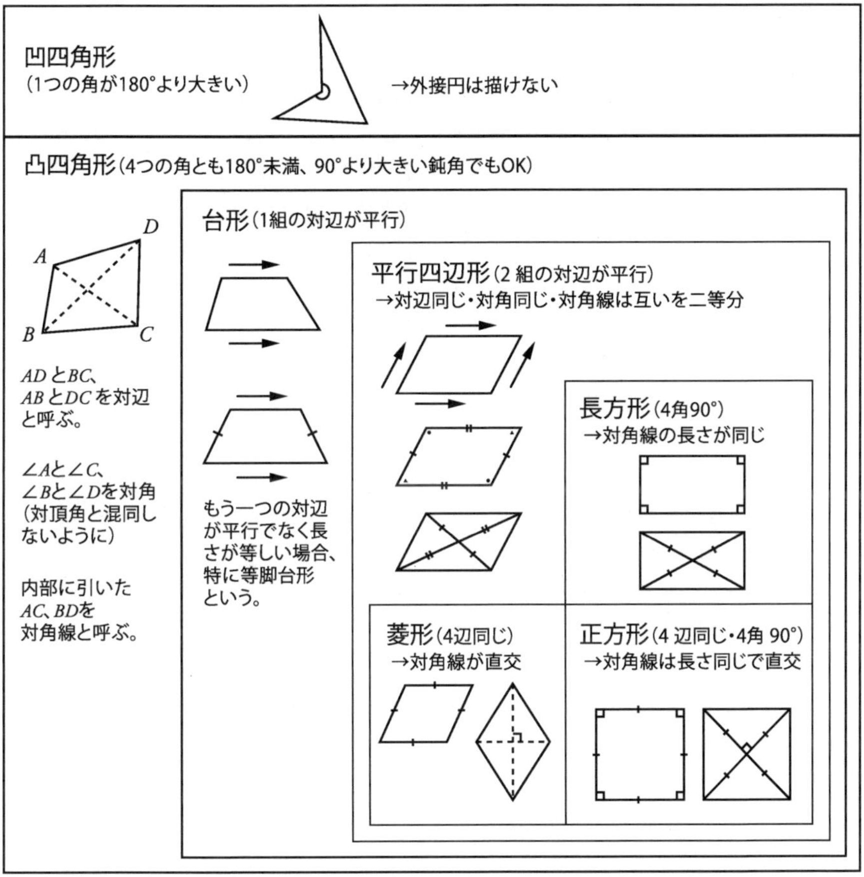

2. 外接円が描ける四角形と描けない四角形

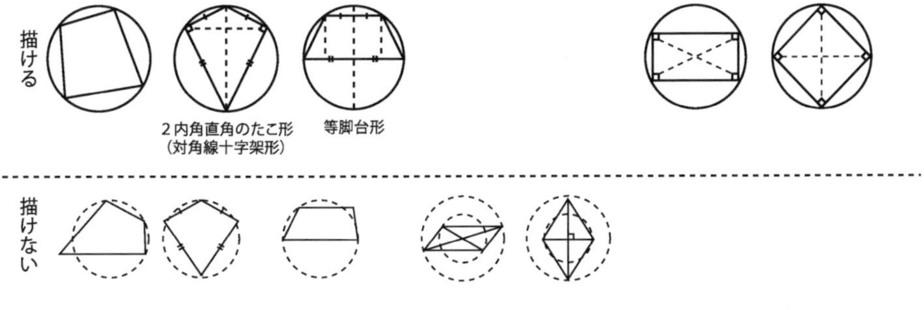

●外接円が描ける四角形

1. 外接円を描ける（円に内接する）四角形に共通の性質は？
   長方形（狭義）、正方形、2 角直角のたこ形では、「少なくとも一対の対角が直角」という共通点があるが、凸四角形（狭義）や等脚台形では成り立たない。実は、「2 対の対角とも対角の和が 180°」が外接円が描ける四角形の特徴である。
2. 外接円を描ける（円に内接する）四角形は、2 組の対角の和がそれぞれ 180°
   【証明】O を挟む中心角 $\angle AOC$ のうち劣弧 ABC に対する小さい角を $\angle AOC$（劣）、優弧 ADC に対する大きい角を $\angle AOC$（優）とする。
   「円周角の定理」より、劣弧 ABC の中心角は $\angle AOC$（劣）で円周角 $\angle ADC$ の 2 倍なので、$\angle AOC$（劣）$= 2\angle ADC$（①）。優弧 ADC の中心角は $\angle AOC$（優）で円周角 $\angle ABC$ の 2 倍なので、$\angle AOC$（優）$= 2\angle ABC$（②）。①②より $2\angle ADC + 2\angle ABC$ $=\angle AOC$（劣）$+\angle AOC$（優）$=360°$。よって $\angle ADC + \angle ABC = 180°$。
   同様に $\angle BAD + \angle BCD = 180°$。よって円に内接する四角形では 2 対それぞれ対角の和は 180°。
   このことは $\angle B$（図の●）$+\angle ADC$（▲）$=180°$ と、$\angle ADC$（▲）$+\angle ADE=180°$（一直線）より $\angle B = \angle ADE$（●）より、「内角は対角の外角に等しい」とも表現できる。
3. （2. の逆）四角形の 1 対の対角の和が 180°、あるいはある内角とその対角の外角が等しいならば、四角形には外接円が描ける（円に内接する）。
   実は 1 対の対角の和が 180° ならば、四角形の内角の和は 360° なので、もう 1 対の対角の和も $360°-180°=180°$ となり、その四角形は円に内接するとわかる。同様に 1 組だけ「内角とその対角の外角が等しい」とわかれば、その四角形が円に内接するとわかる。
   そして、いったん円に内接するとわかれば、別の部分でも「内角=対角の外角」となり、対角線を引くと同じ弧に対する円周角の存在がわかり、それが等しいとわかる（図の★など）。
   このようにして、次々にドミノ倒し的に同じ角の部分がわかることで、図形に関しての様々な証明を行うことができる。

1. 外接円を描ける（円に内接する）四角形に共通の性質は？

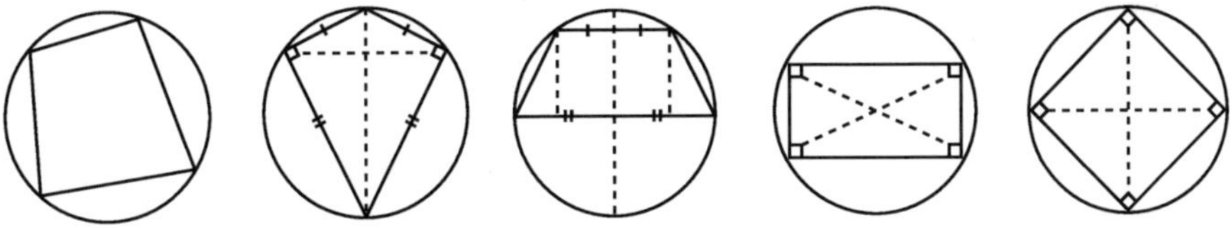

2内角直角のたこ形
（対角線十字架型）

等脚台形

2. 外接円を描ける（円に内接する）四角形は、2 対の対角の和がそれぞれ180°

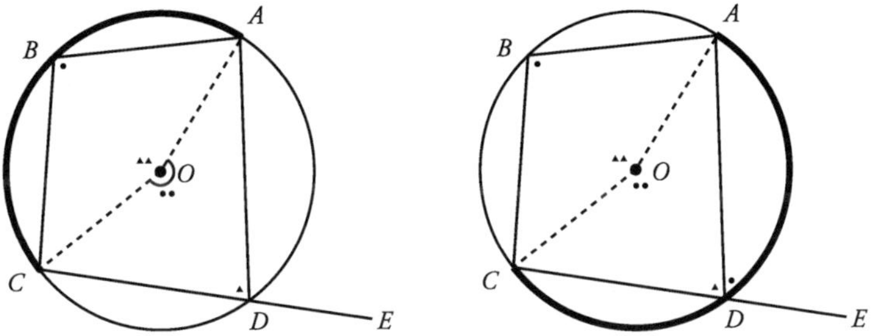

2対とも和は180°　$\angle A+\angle C=180°$　$\angle B+\angle D=180°$
内角は対角の外角 に等しい　$\angle B=\angle ADE$

3. （2の逆）四角形の 1 対の対角の和が180°、あるいはある内角と
その対角の外角が等しいならば、四角形には外接円が描ける（円に内接する）。

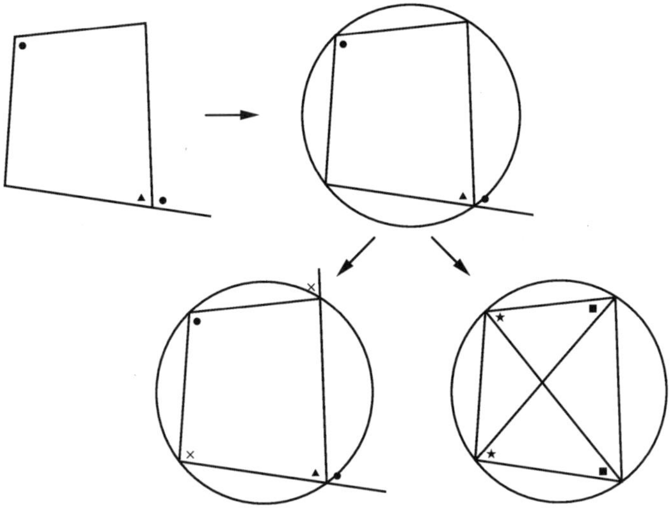

●+▲=180°

●ミケルの定理

ミケル（フランス）が 1838 年に発表したので「ミケルの定理」といわれる。

1 点（ミケル点ともいう）で交わる任意の 3 円において、1 つの円アの円周上の 1 点（A）と円ア、円イとの交点（D）を結ぶ直線が、円イと交わるもう 1 つ交点を B とする。B と、円イ、円ウの交点 E を結ぶ直線が円ウと交わるもう一つの交点を C とする。最後に、C と、円ウ、円アの交点 F を結ぶ直線が円アと交わるもう一つの交点を考える。するとそれは A と一致し、$\triangle ABC$ が描ける。$A \to D \to B \to E \to C \to F \to A$ と流れるように三角形が描ける。どの円から出発しても、円周上のどの位置から出発しても必ず三角形となり美しい。

【証明】

$A \to D \to B \to E \to C \to F$ までは順に描ける。そして、$C \to F$ の延長線の円アとの交点が A に一致すると仮定する。DO、EO、FO を結び、それぞれを O 側に延長した位置に G、H、I を置く。

四角形 $ADOF$ は円アに内接し、内角と対角の外角は等しいので

$\angle A = \angle DOI$（図の▲）（①）。

同様に、四角形 $BEOD$ は円イに内接し、内角と対角の外角は等しいので

$\angle B = \angle EOG$（図の●）（②）。

同様に、四角形 $CFOE$ は円ウに内接し、内角と対角の外角は等しいので

$\angle C = \angle EOI$（図の×）（③）。

①②③より $\angle A + \angle B + \angle C = \angle DOI + \angle EOI + \angle EOG = \angle DOG$。$D$、$O$、$G$ は一直線上なので $\angle DOG = 180°$。

よって $\angle A + \angle B + \angle C = 180°$。

つまり 3 角の和が $180°$ なので ABC を結ぶと $\triangle ABC$ が描ける。

よって、$C \to F$ の延長線は A と一致し、$A \to D \to B \to E \to C \to F \to A$ と結ぶ三角形が描ける。

実は、どの円から出発しても、どの位置に点をとっても、円周角▲、●、×は同じであるので、内接四角形の一つの内角は対角の外角と同じであることを活用すると、この関係はいつでも成り立つことがわかる。

ミケルの定理

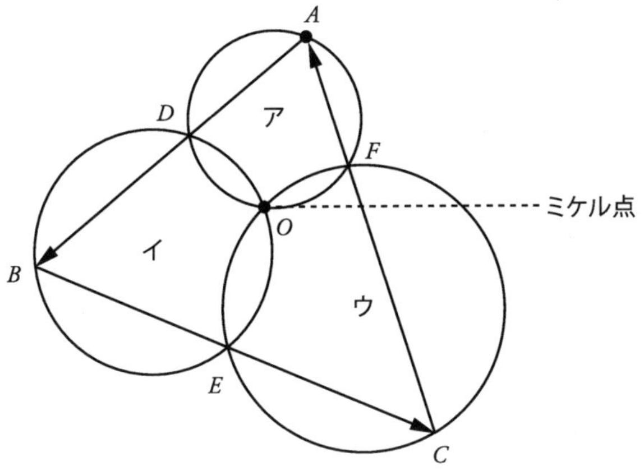

【証明】

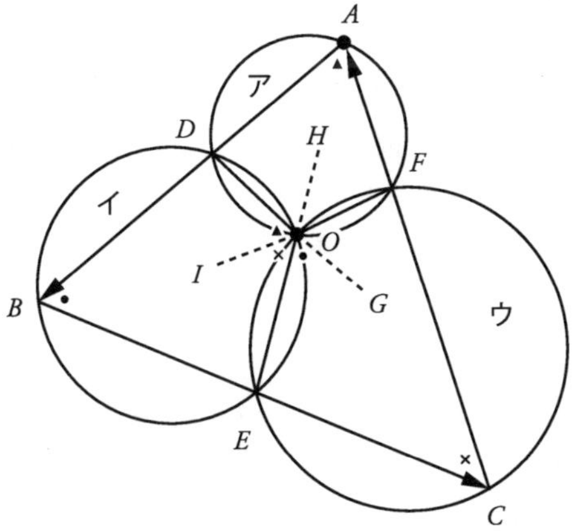

●シムソンの定理

1. シムソンの定理とは？
   ミケルの定理の特別な場合として、シムソン (Simson) の定理と呼ばれているものがある。
   「$\triangle ABC$ の外接円上の任意の点 P から 3 辺あるいはその延長に下ろした垂線と各辺との交点 F、D、E は一直線上にある」（図 1）
2. 【証明】（前半）
   図 2 の四角形 $DCEP$ において、$PD \perp BC$ なので、$\angle PDC = 90°$。同様に $AE \perp PE$ なので $\angle PEC = 90°$。1 組の対角の和が $180°$ なので、四角形 $DCEP$ には円に内接する。この外接円における円周角の定理より $\angle PDE = \angle PCE$（図の●）（①)。
3. 【証明】（後半）
   次に図 3 の四角形 $FDPB$ において、$PD \perp BC$ より $\angle PDB = 90°$。同様に $PF \perp AB$ なので $\angle PFB = 90°$。BP を円の直径とみなすと、$\angle PDB$ と $\angle PFB$ は半円に関する円周角とみなすことができるので、四角形 PDFB は円に内接する。そして、円に内接する四角形では、内角は対角の外角に等しいので $\angle FBP = \angle PDE$。①より $\angle FBP = \angle PDE = \angle PCE$（図の●）(②)。
   円に内接する四角形の対角の和は 180° なので、$\angle FBP$（●）$+\angle PDF$（▲）$=180°$ (③)。
   ②③より $\angle PDE$（●）$+\angle PDF$（▲）$=\angle EDF = 180°$ よって E、D、F は一直線上にある。なおこの直線をシムソン線という。

◆シムソンの定理はミケルの定理の一部

シムソンの定理においては仮定の時点では円は外接円一つのみしか描かれていないので気づきにくが、証明に使った 2 つの外接円を同時に描きこむと、3 円が 1 点 P で交わり、P がミケル点となる。すると図は $A \to B \to$（その途中に交点）$F \to D \to E \to C \to A$ となる「ミケルの定理」が成り立っているから、シムソンの定理はミケルの定理の一部であるとわかる。
このように円周角の定理やその延長にある内接四角形の角の関係を活用すると様々な図形の証明が可能である。

1. シムソンの定理とは?

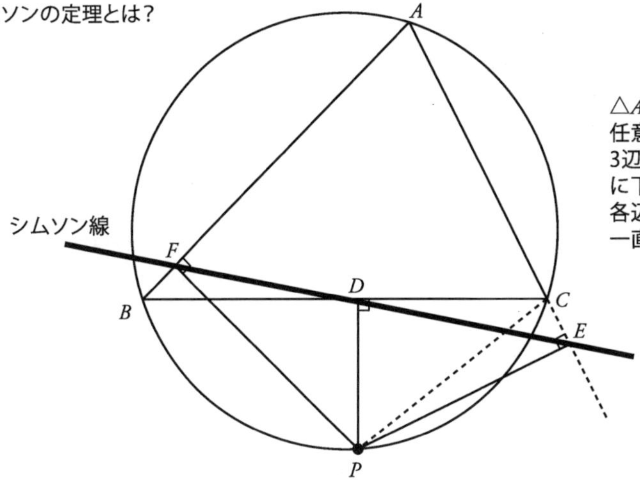

△*ABC*の外接円上の
任意の点*P*から
3辺(延長も含む)
に下ろした垂線と
各辺との交点(*F*,*D*,*E*)は
一直線上にある。

2.【証明】(前半)

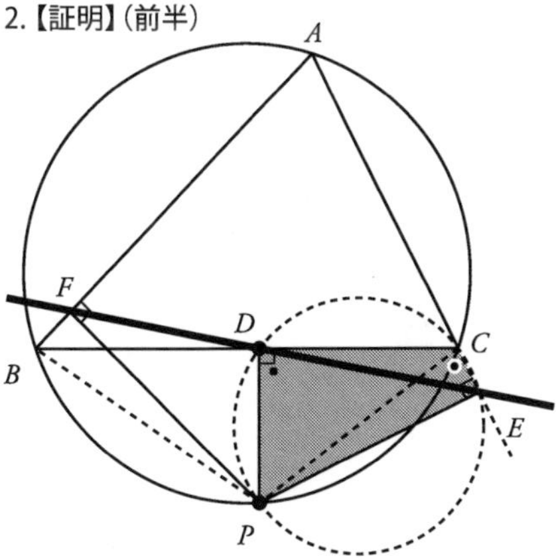

3.【証明】(後半)

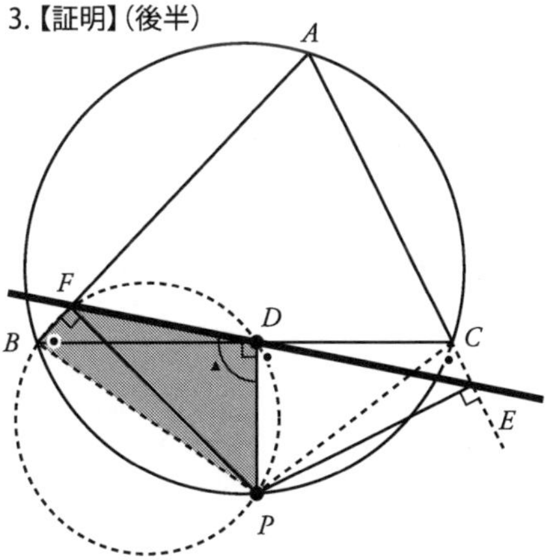

◆シムソンの定理は
ミケルの定理の一部

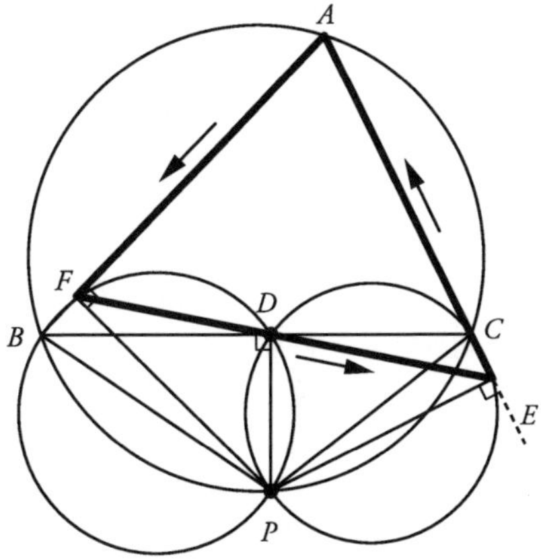

シムソンの定理は
ミケルの定理の一部

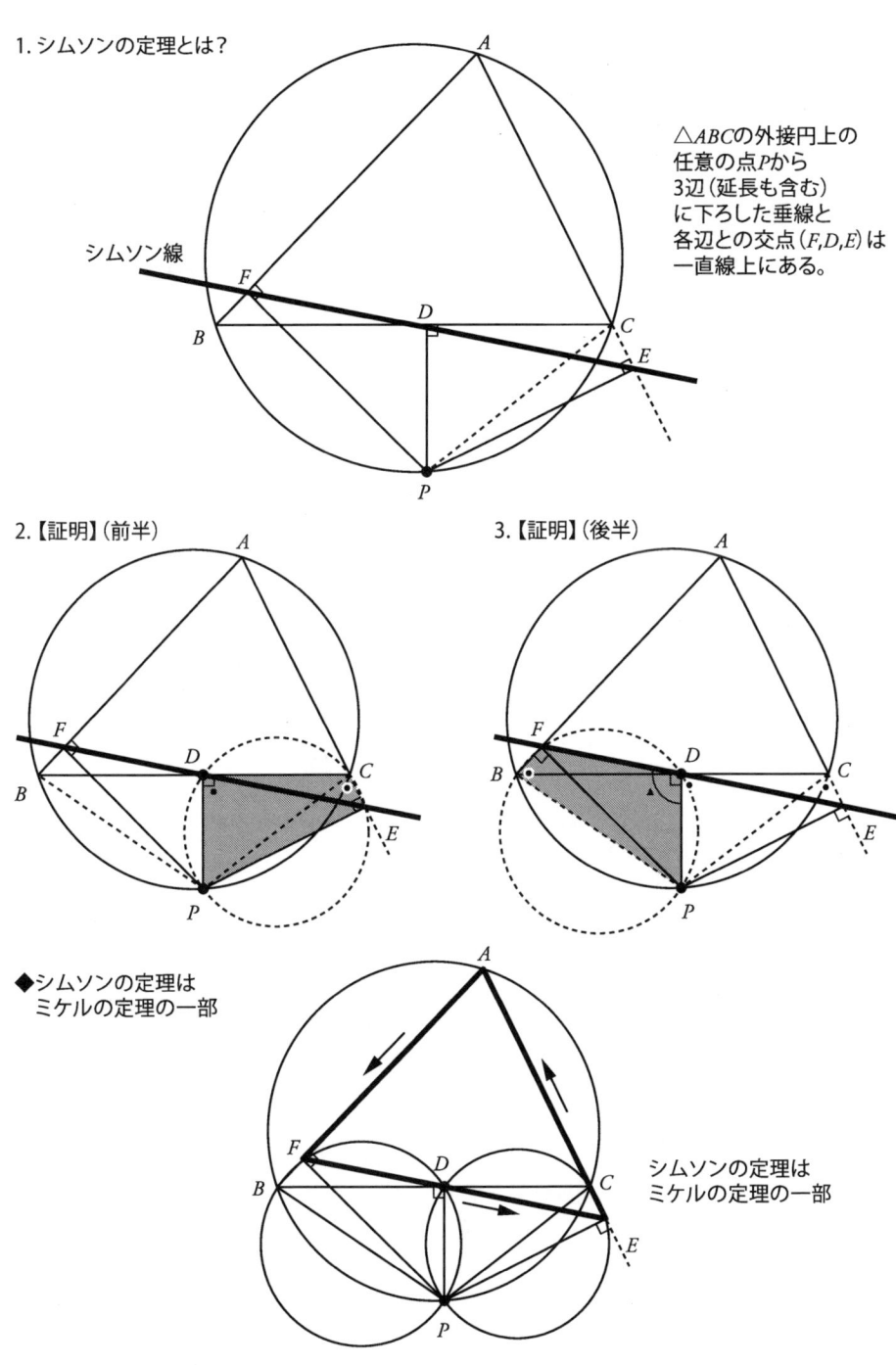

●円に内接する蝶型図形の翅《はね》は相似

1. 斜辺を共有する 2 つの直角三角形の 4 頂点の関係（p.10）再考
   p.10 で注目した直径で区分された 2 半円の円周上に 2 点をとる 2 つの形のパターン（右図に再掲載）のうち、イに注目して掘り下げていこう。
2. 円に内接する蝶型図形（私の勝手な命名）の 2 枚の翅の三角形は相似
   $\triangle PCA$ と $\triangle PDB$ において、$\angle PCA = \angle PDB = 90°$（①）、対頂角なので $\angle CPA = \angle DPB$（②）。2 角が等しいので $\triangle PCA \backsim \triangle PDB$。
   実はこの関係は円周角部分が直角でなくても成立する。円の内部に一般的に交わる 2 弦 BC、AD を描き、その両端を結び 2 枚の翅があるような蝶型図形を作る。
   $\triangle PCA$ と $\triangle PDB$ において、弧 AB に対する円周角より $\angle PCA = \angle PDB$。また弧 CD に対する円周角より $\angle CAP = \angle DBP$、（また対頂角なので $\angle CPA = \angle DPB$）。2 角（3 角）が等しいので $\triangle PCA \backsim \triangle PDB$。
3. 円に内接する蝶型図形は様々な相似三角形や同一円周角を含む
   2. の図では蝶型を強調するために CD、AB を結ばなかったが、結べば四角形 $ACDB$ が円に内接することがわかる。そしてこの蝶型図形（あるいは四角形 $ACDB$）はたとえ最初に円が描かれていなくても外接円が描ける。そして外接円を描くと、最初の蝶型以外の三角形部分の角についても円周角の定理で同じになる角があり（図の■や○）（蝶型からすると頭と腹の位置の三角形）も相似とわかる（最初の図の×、▲も含めると、同じとなる角が 4 組ある）。蝶型図形の骨となるのは、「円内で交わる 2 弦」であり、これは「内接四角形の対角線」でもある。図形の証明等で「円内で交わる 2 弦」「内接四角形の対角線」を見たら、このように 4 組の角が等しく、相似三角形を 2 組持つことを思い出してほしい。
4. 方べきの定理
   円内外の点 P で交わる直線 l, m を描くと、l と円との 2 交点と P を結ぶ 2 線分の長さの積（$PB \times PC$）と、m と円との 2 交点と P を結ぶ 2 線分の長さの積（$PA \times PD$）は等しい（$PB \times PC = PA \times PD$）。これを方べきの定理という。
   - ア P が円内にある場合は、「蝶型図形の 2 枚の翅の三角形は相似」より $\triangle PCA \backsim \triangle PDB$。相似な三角形の対応する辺の長さの比は等しいので $PC : PA = PD : PB$。比例式は外項と内項の積は等しく $PB \times PC = PA \times PD$。
   - イ P が円外にある場合は、$\triangle PCA$ と $\triangle PDB$ において、四角形 $CBDA$ は円に内接するので「内角は対角の外角に等しい」から $\angle PAC = \angle PBD$（図の●）（①）、$\angle CPA = \angle DPB$（共通）。2 内角が等しいので、$\triangle PCA \backsim \triangle PDB$。（以下アと同じ）
   - ウ P が円外にあり、m が円に接する時は、図ウの A は図イの A と D が無限に近づいて一致したものと考えると $PB \times PC = PA \times PA = PA^2$。

1. 斜辺を共有する2つの直角三角形の4頂点の関係(p.10)再考

ア

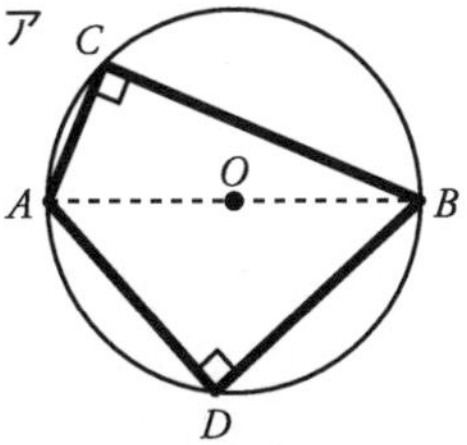

2点が反対側の半円上の場合

イ

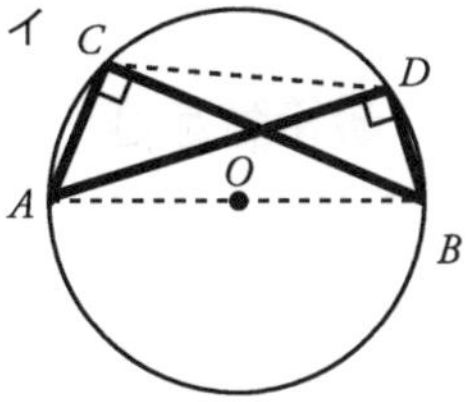

2点が同じ側の半円上の場合

2. 円に内接する蝶型図形(私の勝手な命名)の2 枚の翅の三角形は相似

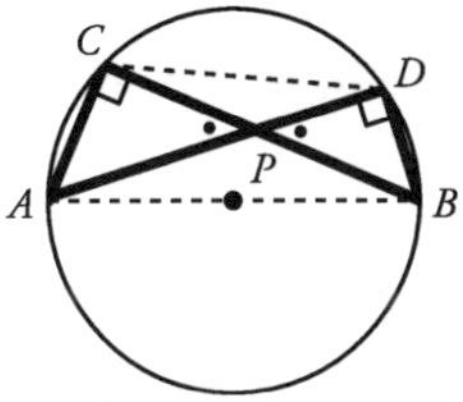

$\triangle PCA \backsim \triangle PDB$

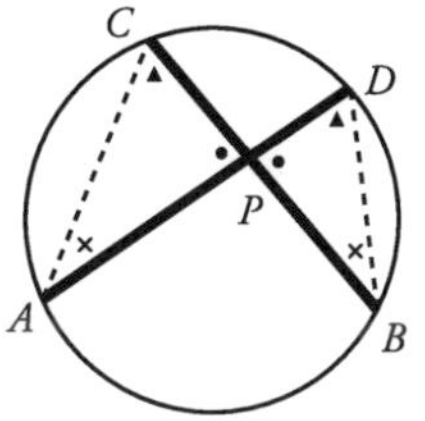

円に内接する「蝶型図形」の2枚の翅は相似
$\triangle PCA \backsim PDB$

3. 円に内接する蝶型図形は様々な相似三角形や同一円周角を含む。

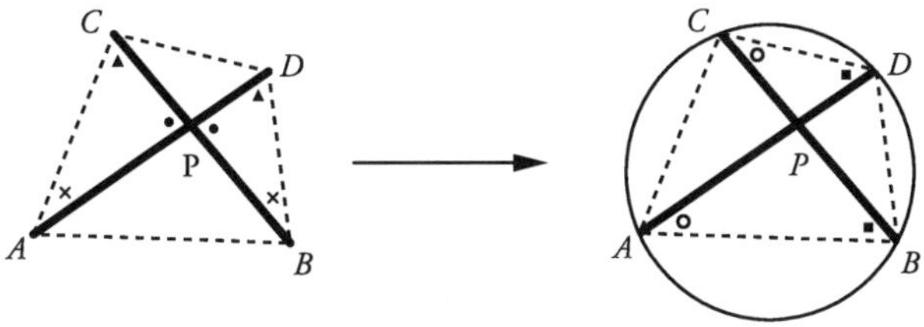

$\triangle PDC \backsim \triangle PBA$も同時に成り立つ

4. 方べきの定理

ア

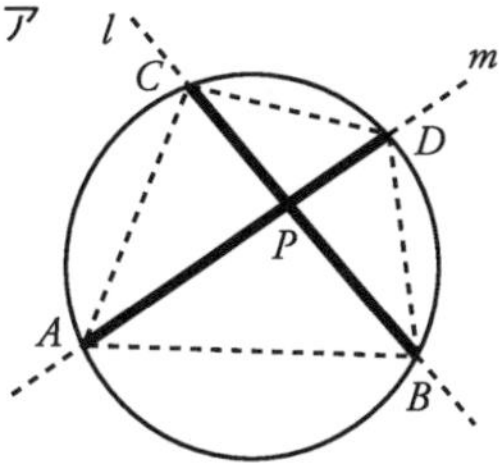

$\triangle PCA \backsim \triangle PDB$
よって
$PC : PA = PD : PB$
$PB \times PC = PA \times PD$

イ

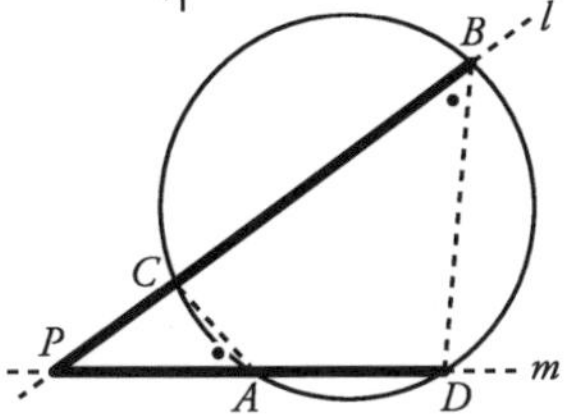

$\triangle PCA \backsim \triangle PDB$
よって
$PC : PA = PD : PB$
$PB \times PC = PA \times PD$

ウ

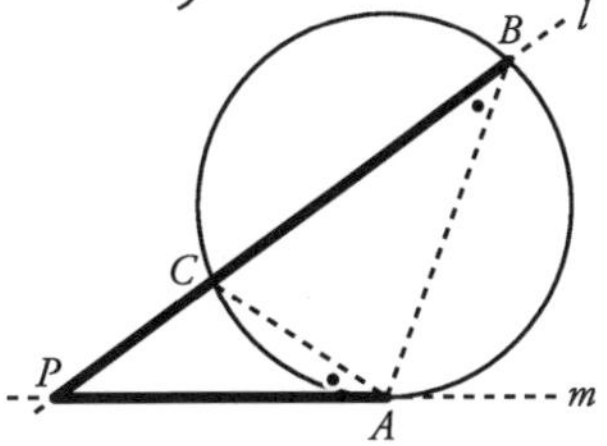

$\triangle PCA \backsim \triangle PAB$
よって
$PC : PA = PA : PB$
$PC \times PB = PA \times PA$
$PC \times PB = PA^2$

●接弦定理

1. 内接四角形 $BCAD$ の A と D を無限に近づけていくと……

   前頁では、方べきの定理の接線の場合を説明するために「内接四角形のある内角はその対角の外角と等しい」（右図）を使いながら、四角形 $BCAD$ の A と D を無限に近づけていき A と D が一致すると考えて、右図 $\angle CAP = \angle CBD$ が右図 $\angle CAP = \angle CBA$ になると説明した。実はこの右図の 2 角の関係は接弦定理と呼ばれる。

2. 接弦定理とは？

   「接線とその接点を片端に含む弦のなす角は、その角の内部にある弧に対する円周角に等しい」ということで、図の●が一致することを示す。

3. 【証明】

   1. のような説明でなく、三角形だけでシンプルに証明してみよう。

   BC の延長線と接線との交点を P とする。（$\angle CAP = \angle ABC$ を証明すればよい。）

   A から接線 PA に対する垂線をひき、それが円と交わる点を D とし、D と C を結ぶ。弧 CA に対する円周角なので $\angle ABC = \angle ADC$（図の●）（①）。

   接点と中心を結ぶ線は接線に垂直（p.4 参照）なので、AD は中心を通るから直径となる。直径を弦とする半円に対する円周角は 90° なので、$\angle ACD = 90^\circ$。

   $\triangle CDA$ で $\angle CAD = 180^\circ - (\angle ACD + \angle ADC) = 180^\circ - (90^\circ - \angle ADC) = 90^\circ - \angle ADC$。

   $\angle ADC$（●）$+\angle CAD$（▲）$=90^\circ$（②）。

   また $\angle PAD = 90^\circ$ より $\angle CAP + \angle CAD$（▲）$= 90^\circ$（③）。

   よって $\angle CAP = \angle ADC$（図の●）（④）。

   ①④より $\angle CAP = \angle ABC$。

1. 内接四角形*BCAD*の*A*と*D*を無限に近づけていくと・・・

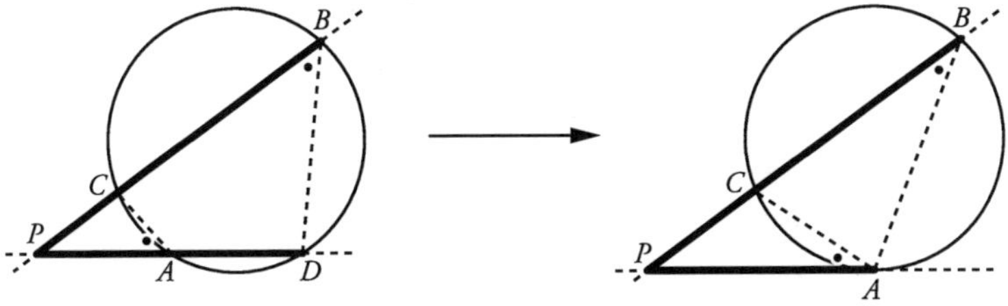

$PC \times PB = PA \times PD$　　　　$PC \times PB = PA^2$

2. 接弦定理とは？

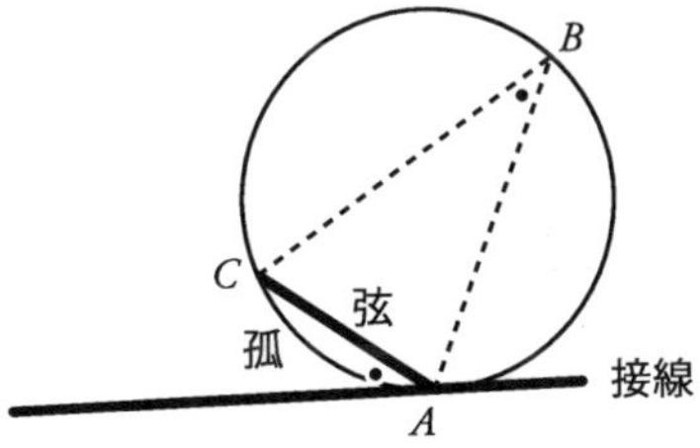

接線とその接点を片端に含む
弦のなす角は、
その弦に対する弧（劣弧）の
円周角と等しい（図の・）。

3.【証明】

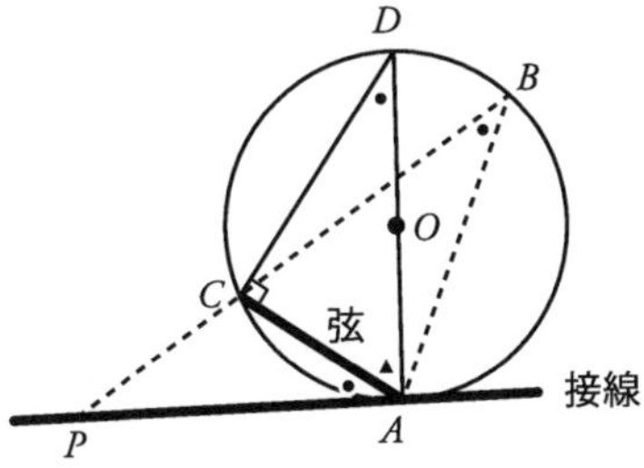

●トレミーの定理

1. トレミーの定理とは？
   古代ギリシャの数学者トレミー（Ptolemaeus《プトレマイオス》[*11]）は、蝶型図形（円に内接する四角形の対角線）に関して、「2 組の対辺どうしの積の和が、対角線の積と等しい」（$AD \times BC + AB \times CD = AC \times BD$）ことを発見した。以下に証明する。
2. 【証明】（前半）〜$\triangle BCD \backsim \triangle BFA$ の証明
   $\angle DBC$ と同じ角になるように $\angle ABF$ をとる。$\triangle DBC$ と $\triangle ABF$ において、
   $\angle DBC = \angle ABF$（仮定）（①）、弧 BC に対する円周角なので $\angle CDB = \angle FAB$。
   2 角が等しいので、$\triangle DBC \backsim \triangle ABF$。
   $CD : BD = FA : BA$、すなわち $FA \times BD = BA \times CD$（③）。
3. 【証明】（後半）〜$\triangle BDA \backsim \triangle BCF$ の証明
   $\triangle BDA$ と $\triangle BCF$ において、$\angle ABD = \angle ABF + \angle FBE$（④）。
   $\angle FBC = \angle FBE + \angle DBC$（⑤）。
   仮定より $\angle DBC = \angle ABF$ なので、④⑤より $\angle ABD = \angle FBC$（⑥）。弧 AB に対する円周角なので $\angle ADB = \angle FCB$（⑦）。
   ⑥⑦より 2 角がそれぞれ等しいので $\triangle BDA \backsim \triangle BCF$。よって $BD : AD = BC : FC$、すなわち $FC \times BD = AD \times BC$（⑧）。
   ③⑧より $FA \times BD + FC \times BD = BA \times CD + AD \times BC$。
   $(FA + FC)BD = BA \times CD + AD \times BC$。
   よって、$AC \times BD = BA \times CD + AD \times BC$。

◆同じ角の重なり

3. の証明に使った $\angle ABD = \angle FBC$ の証明は同じ角（図で●）の両側に同じ角（■）を足しても同じ角になるという流れである。

一部重なった 2 角において重なっていない部分が同じならば、もとの 2 角は等しい

↕

大きい 2 角を一部重ねた場合、重ならない部分の角度は同じ

という関係であり、日常生活でも 2 角を重ねたり離したりすると実感できる。しかし図形の証明では意外に気づきにくい発想なので意識しておきたい。

[*11] Ptolemaeus はプトレマイオスと書くこともあるが、p が黙字なのでトレミーとも書く。つまりプトレマイオスとトレミーは同一人物である。

1. トレミーの定理とは？

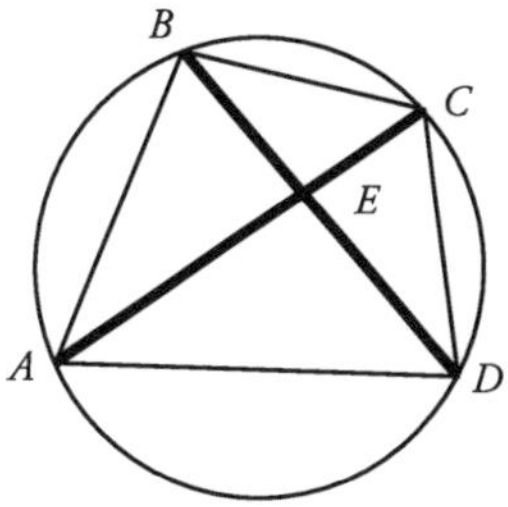

$AB \times CD + BC \times AD = AC \times BD$

（対辺の積の和）（対角線の積）

2.【証明】（前半）～△*BCD* ∽△*BFA*の証明～

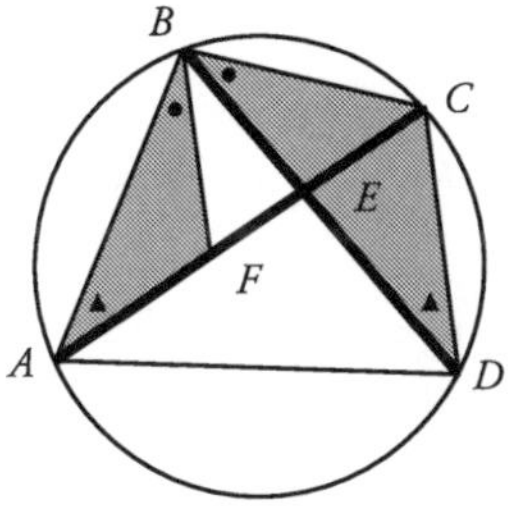

3.【証明】（後半）～ △*BDA*∽△*BCF* の証明～

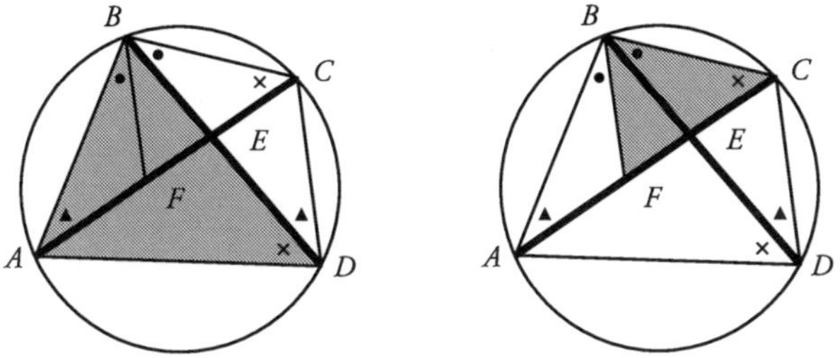

◆ 同じ角の重なり

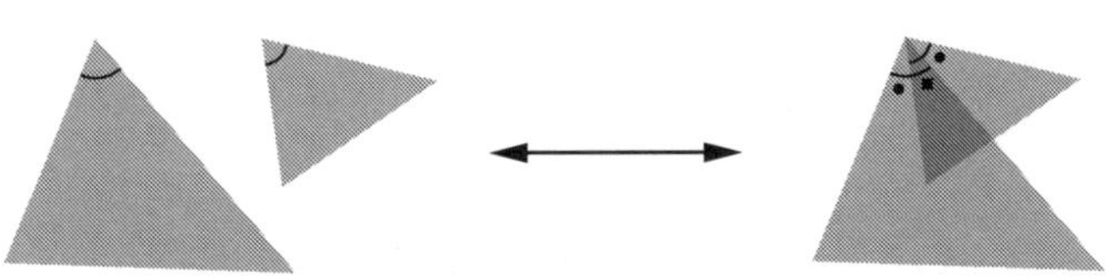

●二円の関係と共通接線、共通弦

二円の関係は次の5つに分類される。それぞれの中心間の距離、共通接線、共通弦はどうなっているか見てみる。

1. 離れている（共通外接線2、共通内接線2）：
   二円間の距離 d（distance の d）は中心間の距離で示すことが多い。二円の半径を r_1、r_2（$r_1 > r_2$）とすると、$d > r_1 + r_2$。
   二円とも接する接線を共通接線というが、両円の外側で接する共通外接線が2つ、両円の間を通る共通内接線が2つある。共通外接線は二円から離れた位置で交差することが多いが、右図のように二円が同じ大きさの場合は平行となり交差しない。2つの共通外接線において二円との接点間の長さ（図の実線部分）は等しい。共通内接線は二円の間の1点で交差する。交点と各円の接点までの距離は等しい（p.4 参照)。また共通外接線の交点、共通内接線の交点ともに、二円の中心を結ぶ直線上にある。
2. 外接する（共通外接線2、共通内接線1）：$d = r_1 + r_2$。
3. 交わる（共通外接線2、共通弦1）：$r_1 - r_2 < d < r_1 + r_2$。二円の交点を結ぶ線分は二円ともに対する弦となるので共通弦という。共通弦は二円の中心を結ぶ線分と直交し、その線分で2等分される。つまり二円の中心を結ぶ線分が、共通弦に対する垂直二等分線となる。更に二円が同じ大きさの場合、二円の中心を結ぶ線分も共通弦で2等分され相互に垂直二等分線となる。
4. 内接する（共通外接線1）：$d = r_1 - r_2$。
5. 内部にある（接線なし）：$d < r_1 - r_2$。

1. 離れている（共通外接線2、共通内接線2）

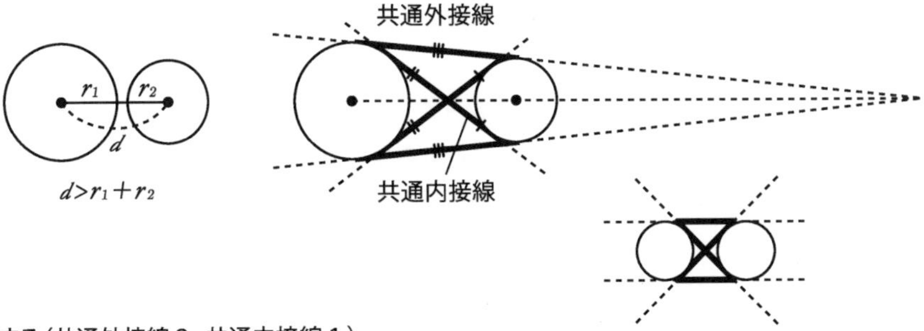

2. 外接する（共通外接線 2、共通内接線 1 ）

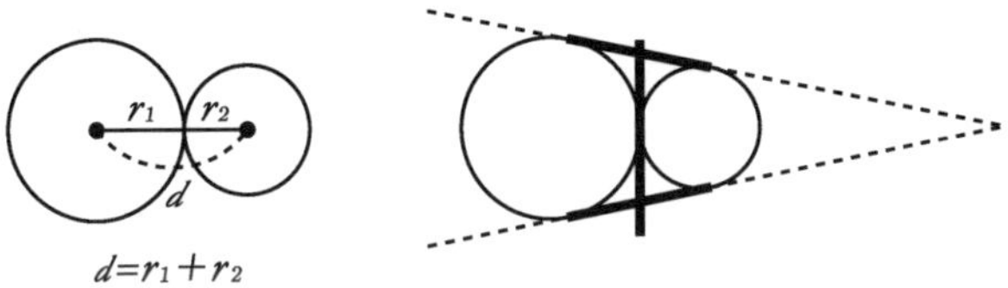

3. 交わる（共通外接線2、共通弦1）

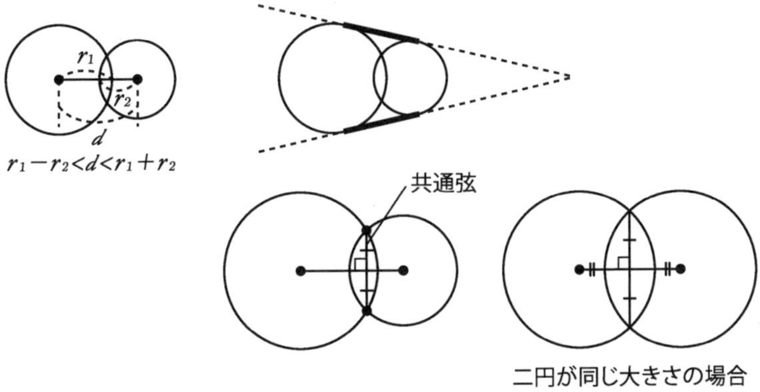

4. 内接する（共通外接線1）

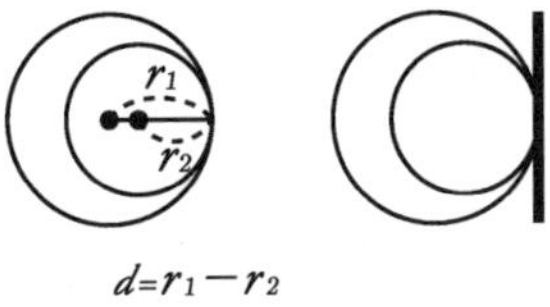

5. 内部にある（接線なし）

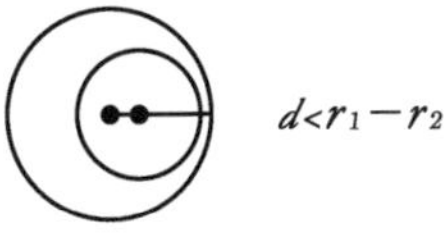

●共通外接線とその周辺

1. 共通外接線の交点と二円との距離関係

   前頁の内容を、さらに比も含めて説明する。二円の中心を O_1、O_2、共通外接線の交点を P、上側の接線上の接点を A_1、A_2 とする。また O_1、O_2 から PO_2 に対して立てた垂線と円周との交点を B_1、B_2 とする。A_1 と B_1、A_2 と B_2 は異なるが、P が円から離れれば離れるほど接近する。P から各円の中心までの距離を d_1、d_2 とする。この時、$d_1 : d_2 = r_1 : r_2$（共通外接線の交点から円の中心までの距離の比は各円の半径の比と同じである）

   【証明】$\triangle PO_1A_1$ と $\triangle PO_2A_2$ において $\angle A_1PO_1 = \angle A_2PO_2$（共通）（①）、接線なので $\angle PA_1O_1 = \angle PA_2O_2 = 90°$（②）。①②より 2 角が共通なので $\triangle PO_1A_1 \backsim \triangle PO_2A_2$。よって $PO_1 : PO_2(d_1 : d_2) = O_1A_1 : O_2A_2(r_1 : r_2)$

2. 日食

   実はこの図式にもっとも近いのが、日食である。太陽の半径は地球の半径の約 100 倍、月の半径は地球の半径の約 1/4 なので、月の半径：太陽の半径≒ 1 : 400 である。また地球と月の距離（約 38 万 km）：地球と太陽の距離（1.5 億 km）≒ 1 : 400 である。よって右図のように地球の位置で共通外接線が交わり、地球上の狭い範囲で太陽が月の影に完全に隠れて日食となる。

   この平面図からすると、いつも地球上のどこかで日食があるということになるが、実際には、地球の公転面での位置と月の公転面での位置と太陽は、空間上で同じ平面にいつも位置するわけではなく、距離も微妙にずれてしまう。したがって日食が起きるのは現実にはまれで、地球の一部の範囲にそれぞれ短時間で発生する。そして地球、月、太陽の位置関係によっては完全に隠れる皆既日食でなく、部分日食や金環日食となる。

3. 月食

   月食は、地球の影に月が入り、月が暗くなることをいう。図を描くと

   共通外接線交点と太陽との距離：共通外接線交点と地球との距離≒ 400 : 4

   であり、地球の裏側には月がすっぽり入る影ができる。月食においても日食と同様、微妙な空間上のずれがあるので頻度は高くはないが、日食よりはずっと高頻度に起きる。位置的には影になっても、赤光のみがまわりこみ照らすので「赤い月」に見えることもある。

1. 共通外接線の交点と二円との距離関係

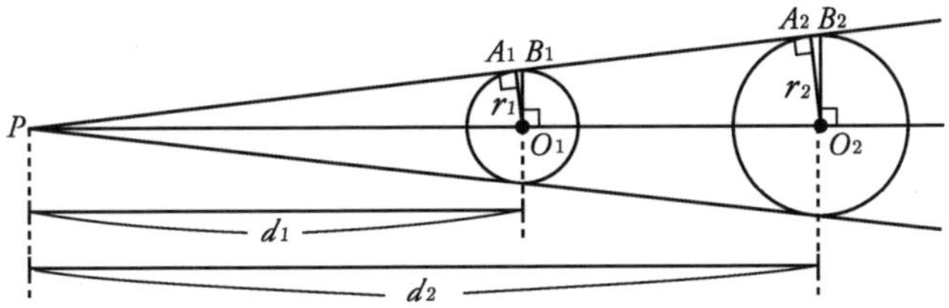

2. 日食

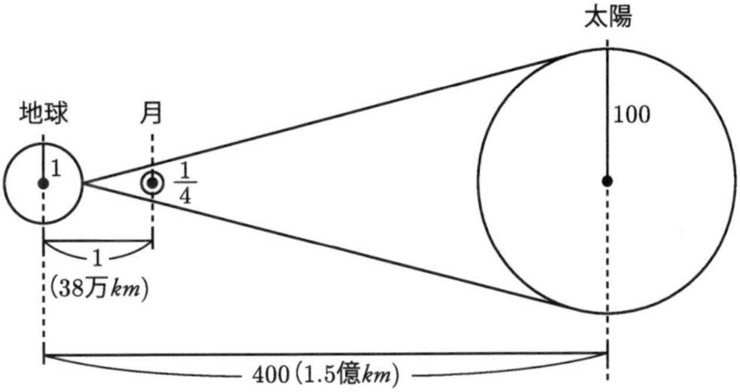

3. 月食

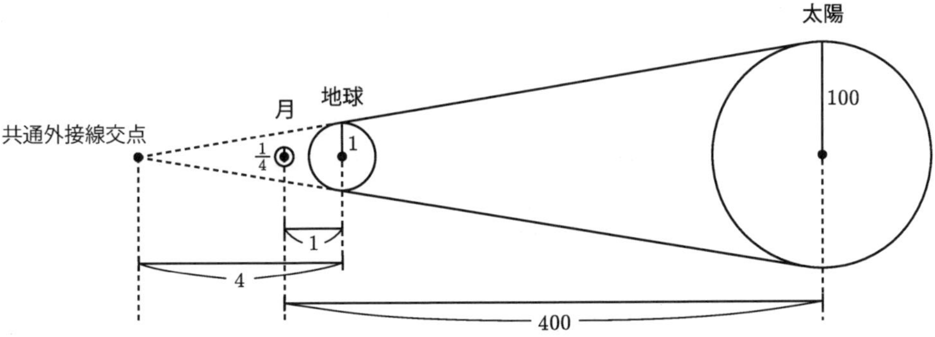

※図は実際の比率とは異なる概念図です。

●九点円の定理

1. 九点円の定理とは？

「任意の三角形の角頂点から下ろした垂線の足、各辺の中点、垂心と各頂点の中点の9 点は同一円周上（これを九点円）にある。」

【証明】

2. 四角形 $A_2B_2A_mB_m$ は長方形となる。

△ASC で A_2、B_m は辺 AS、AC の中点なので、中点連結定理（三角形の 2 辺の中点を結ぶ線分は他の 1 辺に平行で長さは 1/2 になる）より、$A_2B_m \parallel$（平行）SC 、$A_2B_m = 1/2SC$（①）。△BSC で、同様に中点連結定理より $B_2A_m \parallel SC$、$B_2A_m = 1/2SC$（②）。①②より $A_2B_m = B_2A_m$、$A_2B_m \parallel B_2A_m$（③）。△CAB で中点連結定理より $B_mA_m \parallel AB$、$B_mA_m = 1/2AB$（④）。△SAB で中点連結定理より $A_2B_2 \parallel AB$、$A_2B_2 = 1/2AB$（⑤）。④⑤より $B_mA_m \parallel A_2B_2$、$B_mA_m = A_2B_2$（⑥）。③⑥より四角形 $A_2B_2A_mB_m$ は平行四辺形。さらに C_1C（SC）$\perp AB$ なので、①④より $A_2B_m \perp B_mA_m$、$\angle A_2B_mA_m = 90^\circ$。内角が 90° の平行四辺形は長方形なので、四角形 $A_2B_2A_mB_m$ は長方形。

3. 長方形 $A_2B_2A_mB_m$ の対角線の交点 O を中心とする外接円は 6 点を通る。

p.11 でまとめたように、長方形 $A_2B_2A_mB_m$ にはその対角線の交点（O とする）を中心とした外接円が描け、これは 4 頂点（A_2、B_2、A_m、B_m）を通る。直径 B_2B_m に注目すると $\angle B_mB_1B_2 = 90^\circ$ で直径 B_2B_m を弦とする弧の円周角なので、B_1 も円周上にある。直径 A_2A_m に注目すると $\angle A_2A_1A_m = 90^\circ$ で直径 A_2A_m を弦とする弧の円周角なので、A_1 も円周上。よってこの外接円は 6 点（A_2、B_2、A_m、B_m、A_1、B_1）を通る。

4. 四角形 $C_mB_mC_2B_2$ は長方形となる。

△BAS で中点連結定理より $C_mB_2 \parallel AS$、$C_mB_2 = 1/2AS$（⑦）。同様に △CAS で $B_mC_2 \parallel AS$、$B_mC_2 = 1/2AS$（⑧）。⑦⑧より、$C_mB_2 \parallel B_mC_2$、$C_mB_2 = B_mC_2$（⑨）。△SBC で中点連結定理より $B_2C_2 \parallel BC$、$B_2C_2 = 1/2BC$（⑩）。△ABC で中点連結定理より $C_mB_m \parallel BC$、$C_mB_m = 1/2BC$（⑪）。⑩⑪より $B_2C_2 \parallel C_mB_m$、$B_2C_2 = C_mB_m$（⑫）。⑨⑫より四角形 $C_mB_mC_2B_2$ は平行四辺形。さらに $AA_1(AS) \perp BC$ なので、⑦⑩よりより $C_mB_2 \perp B_2C_2$、$\angle C_mB_2C_2 = 90^\circ$。内角が 90° の平行四辺形は長方形なので、四角形 $C_mB_mC_2B_2$ は長方形。

5. 長方形 $C_mB_mC_2B_2$ の対角線の交点 O を中心とする外接円は 5 点を通る。

長方形 $C_mB_mC_2B_2$ の交点は 3. で証明した長方形 $A_2B_2A_mB_m$ と対角線 B_2B_m、そしてその中点 O を共有しており、O を中心にした外接円は 3. で描いた外接円と同じである。この外接円は 4 頂点（C_m、B_m、C_2、B_2）を通る。直径 C_mC_2 に注目すると $\angle C_mC_1C_2 = 90^\circ$ で直径 C_mC_2 を弦とする弧の円周角であり、C_1 も円周上とわかる。よってこの外接円は 5 点（C_m、B_m、C_2、B_2、C_1）を通る。3. の結果と合せて 9 点（A_m、B_m、C_m、A_1、B_1、C_1、A_2、B_2、C_2）は同じ円周上にある。

1. 九点円の定理とは？

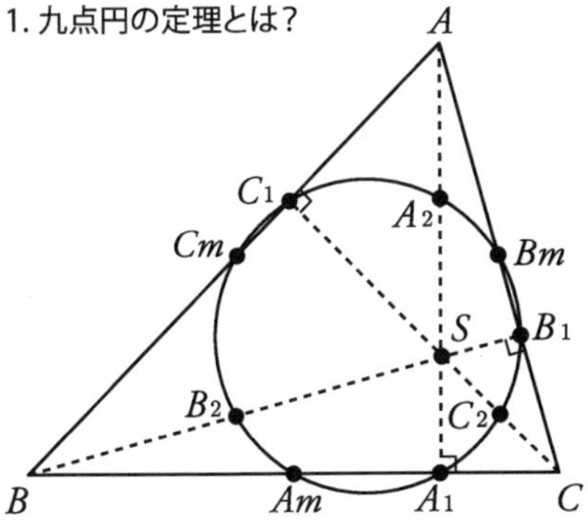

Am,Bm,Cm：各辺の中点
A_1、B_1、C_1：各頂点から対辺に下ろした垂線の足
S：垂心
A_2、B_2、C_2：各頂点と垂心を結ぶ線分の中点

2. 四角形 $A_2\ B_2\ Am\ Bm$ は長方形となる。

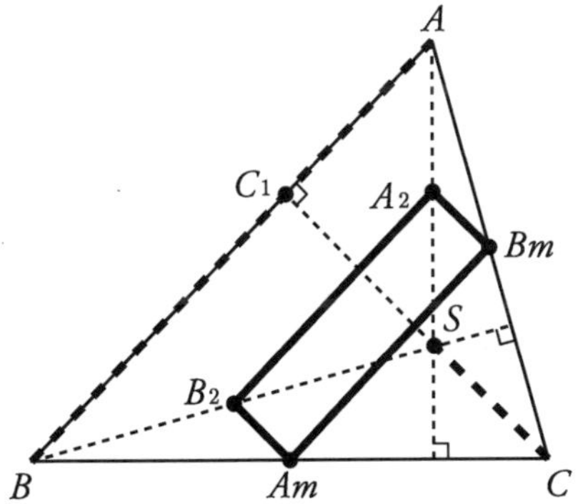

3. 長方形 $A_2\ B_2\ Am\ Bm$ の対角線の交点Oを中心とする外接円は6点を通る。

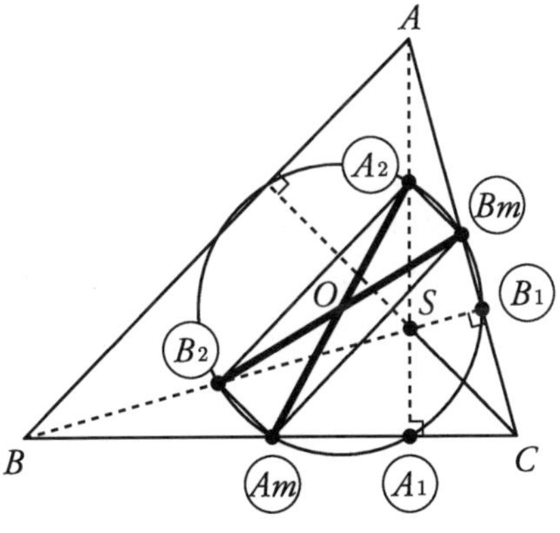

4. 四角形 $Cm\ Bm\ C_2\ B_2$ は長方形となる。

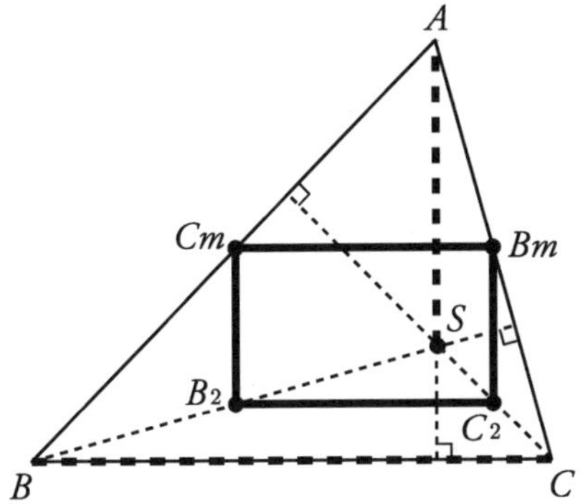

5. 長方形 $A_2\ B_2\ Am\ Bm$ の外接円は6点を通り、3の外接円と同じ。
→9点がこの円周上とわかる。

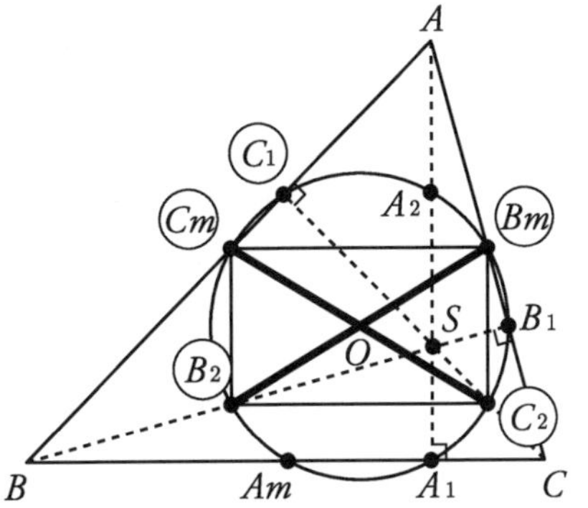

●円を数式で表記することは可能か？

数学には、計算的発想を深めていく代数学（algebra）と、図形を探求していく幾何学（geometry）の2大源流があった。同じ問題を代数的にも幾何的にも解けるようになると、初等数学は楽しくなり、高等数学への導入ともなる（厳密に考えると代数学を計算的発想と表現してよいか疑問が残るが、まずは入口としてはそう表現することにする)。たとえば1+3+5+7+9の計算を考えてみよう。（本当はこれでは簡単すぎてすぐ答が出るので、いろいろな計算方法を考えても実用的にはあまり有用ではない。ただ発想法の説明のため、この簡単な式を例にした。同じ発想を使って1+3+5+7+9+11+13+15+17+19という少し骨のある計算に取り組むと様々な発想をめぐらせることに意味があると実感できるだろう。）

1. 計算的（代数的）発想

   まずアのように前から順に足す方法がある。この他にも、$+$ や $\times$ は順序を変えてもよいことを活用するとイのように $1+3+5+7+9=(1+9)+(3+7)+5=10+10+5=25$ と両端から同じ位置にある2数を足すと同じ数になることを利用した計算方法もある。

2. 図形的（幾何的）発想

   ウ 1を縦横長さ1で面積1の正方形タイルとし、その総面積で考える。するとタイルを順に右上に足していく形となり、図形全体は正方形のままで足した項の数がタイルの縦横の数とわかる。足すのは5項なので、$5\times5=25$ と図形で実感できる。

   エ 今度は1を一番上、9を一番下に置いた階段状図形を考える。同じ図形をコピーし反転させて、結合させると $5\times10=50$ で面積50の長方形になる。よってもとの図形は面積25となる。この発想はp.3の「細いギザギザ短冊にした円を2つ重ねての円の面積計算」に似ている。

このように、数学では、代数的発想・幾何的発想両方で発想するようにしてみよう。

3. 図形である円を数式で示すことはできるか？

   「座標」上で原点を中心とし、半径を r とする円は、「関数」$x^2+y^2=r^2$ と表現できる。円はなぜこの式となるのか？ また、そもそも「関数」「座標」とは何か次頁で考えてみよう。

1. 計算的（代数的）発想

ア

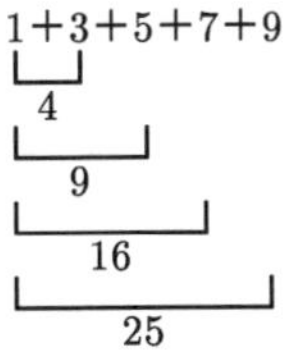

イ

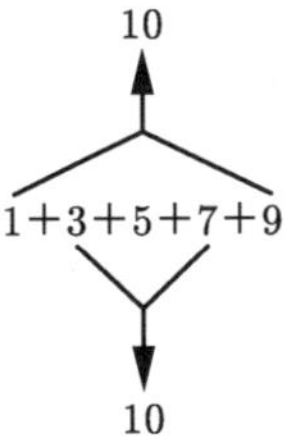

2. 図形的（幾何的）発想

ウ

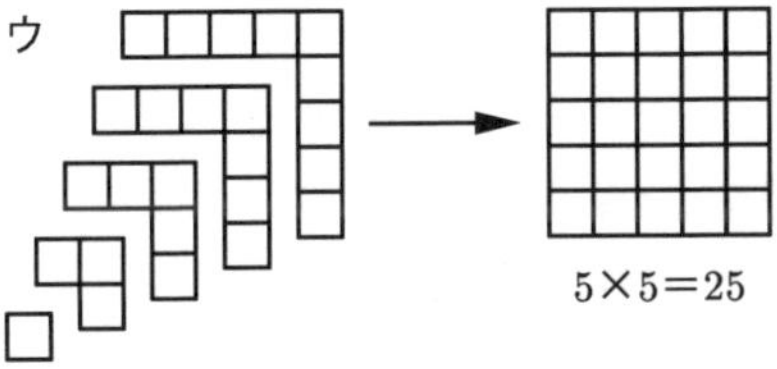

エ

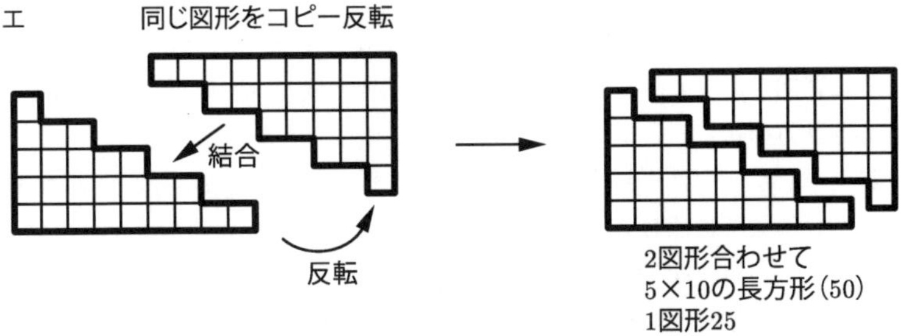

3. 図形である円を、数式で示すことができるか？

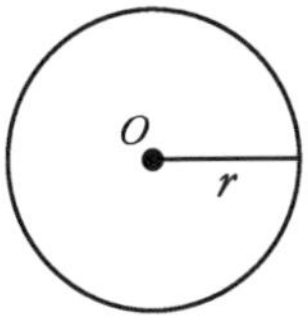

→「座標」上に原点Oを中心、半径rの円を書くと
「関数」$x^2+y^2=r^2$で示すことができる。

座標とは？　関数とは？

●関数

1. 関数とは？（エアコンをつけた時間と室温）：本書は「小中学生から学べる」としているので、中学 1 年で習う「正の数、負の数」を学んでいない小学生でも理解しうる説明をしたい[*12]。たとえば、次のような状況を想定してみよう。

   「A 君は寒さに比較的強い。しかし室温が 5℃ ぐらいになると寒いと感じる。ある夜部屋が寒く、室温をはかったら 5℃ であったのでエアコンの暖房をつけて寝ることにした。安全のため 2 時間で自動的に切れるお休みタイマーをセットしたつもりでセットを忘れてしまった。さらに A 君はおっちょこちょいで暖房のつもりで冷房を入れることもある。（A 君はいったん布団にくるまり寝てしまうと、室温の変化にもかかわらず 5 時間は起きない。）そのエアコンは暖房は 1 時間で 2℃ ずつ室温をあげ、冷房は 1 時間で 2℃ ずつ室温を下げる能力がある。さて、経過時間と室温の関係は？」

   暖房をつけた場合と間違って冷房をつけた場合はア、イの表のようになる。冷房時間は本来暖房すべきと逆のことをしたので「−（マイナス）の暖房時間」と考えてみよう。その上でア、イの表を統合するとウの表となる。この時、暖房時間（「マイナスの暖房時間」も含む）が決まると、室温も決まる。暖房時間を x 時間、室温を y℃ と置くと、両者の関係は $y = 2x + 5$ という式として書くことができる。このように連関しあっている 2 つの数の関係を表した式を「関数」、それを式でしめしたものを「方程式」という。
2. 座標でつながる代数と幾何：別々の体系で発展してきた代数学と幾何学は、時には解離しているように感じる。この両者の橋渡し役をしたのが、デカルトやフェルマーが考えたといわれる「座標」である。x と y との関係のような 2 つの数の関係は、x を横軸、y を縦軸とする盤を作ると両方の − の世界まで位置で表現できる。先ほどの式 $y = 2x + 5$ は座標上にそれぞれの値を●として示すことができ、それをつなげると直線グラフとして表現できる。実は本書で扱った円も含む図形はこの座標上に描くと頂点や線を数字でも表現できる。
3. 将棋盤の位置の名称：座標的な発想は、地図の読み方（たとえば C3 とか D1）、京都のような碁盤目状の街での位置の示し方や将棋のコマの位置の示し方でも使われてきた。このような身近な発想を取り入れて、代数と幾何の世界をつなげた数学者たちにより、代数学と幾何学は相互に融合しながら発展していった。

[*12] とは言っても学校で学んでない小学生が完全に理解するのは難しいかもしれない。それでもイメージだけをつかむだけでなんとなく数学好きになれるはずだ。

1. 関数とは？（エアコンをつけた時間と室温）

ア

暖房時間	0	1	2	3	4	5
室温（℃）	5	7	9	11	13	15

イ

冷房時間	0	1	2	3	4	5
室温（℃）	5	3	1	−1	−3	−5

ウ　冷房時間は「−（マイナス）の暖房時間」と考えた時の表

暖房時間	−5	−4	−3	−2	−1	0	1	2	3	4	5
室温（℃）	−5	−3	−1	1	3	5	7	9	11	13	15

暖房時間を x
室温を y とすると
$y = 2x + 5$

2. 座標でつながる代数と幾何

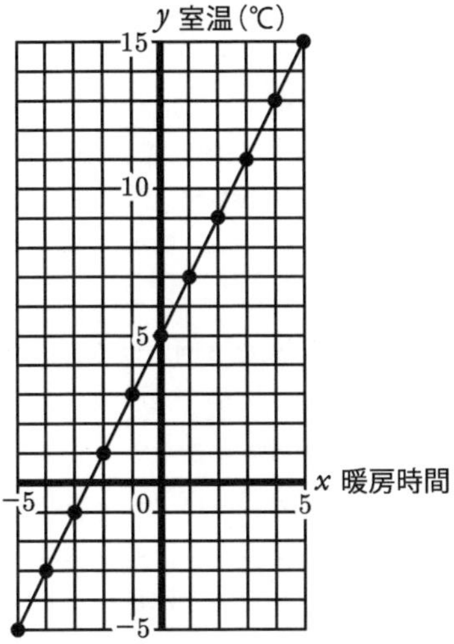

3. 将棋盤の位置の名称

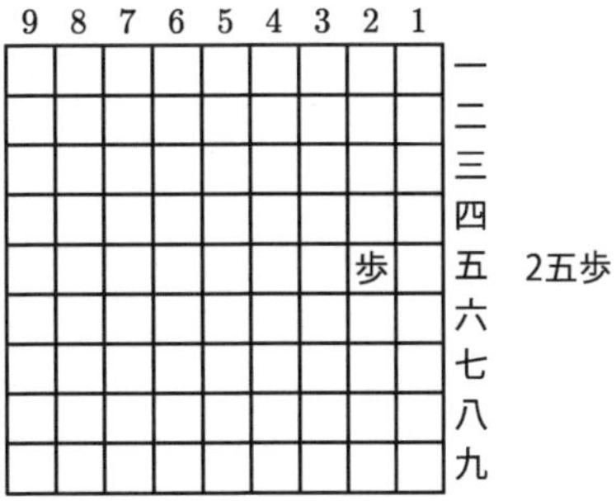

●円の方程式

1. 座標の名称と、原点を中心とする半径 5 の円

   円を見る前に座標を確認しよう。横軸が x の値を示す x 軸で、右が $+$ の値、左が $-$ の値となる。縦軸が y の値を示す y 軸であり、上が $+$ の値、下が $-$ の値となる。x 軸、y 軸の交点を原点といい、O（ゼロではなくオー、Origin《オリジン》の O）で示す。地図にたとえると自宅を原点とし、東が $+$、西が $-$、北が $+$、南を $-$ とする。そして、自宅からみた建物の位置を（東西方向、南北方向）で示し、以下に略記する。

   - 高校（東へ 3 km、北へ 4 km）→（3, 4）
   - 病院（西へ 3 km、北へ 4 km）→（−3, 4）
   - スポーツセンター（西へ 3 km、南へ 4 km）→（−3, −4）
   - 梨直売場（東へ 3 km、南へ 4 km）→（3, −4）

   すると (●, ▲) の形で位置が特定できる。同様に関数などで決まるある x、y の値をもった点を（x 座標, y 座標）で表記する。座標を x、y 軸で分割される 4 区画の区分で捉え、（x 座標, y 座標）が $(+,+)$ の区画を第一象限、$(-,+)$ の区画を第二象限、$(-,-)$ の区画を第三象限、$(+,-)$ の区画を第四象限という。地図でたとえると、順に北東地区、北西地区、南西地区、南東地区となる。

   原点 O（座標で示すと $(0,0)$）を中心とする半径 5 の円を描くと、x 軸や y 軸との 4 交点 $(5,0)(0,5)(-5,0)(0,-5)$ を通る。また不思議なことに、$(3,4)(4,3)(-3,4)(-4,3)(-4,-3)(-3,-4)(3,-4)(4,-3)$ の点も通る。つまり原点から一つ軸方向に 3、もう一つの方向に 4 の距離にある点を通る。ここで $3^2+4^2=5^2$ に注目すると円上の点の（x 座標, y 座標）は $x^2+y^2=5^2=25$ を常に満たしている。

2. 原点を中心とする半径 r の円の方程式は $x^2+y^2=r^2$

   （正の数、負の数をまだ習っていない小学生は負の数を 2 回かけると正の数になるという約束で計算しよう。$(-3)^2+(-4)^2=9+16=25$）

3. 三平方の定理と円の方程式

   1. 2. は（x 座標, y 座標）が整数となる 12 点のみの説明だったが、直角三角形の「三平方の定理」（ピタゴラスの定理）を使うと全ての点で円の方程式が成り立っていることが説明できる。この定理は「直角三角形の直角をはさむ 2 辺それぞれの 2 乗の和が斜辺の 2 乗となる（$a^2+b^2=c^2$）」ということである。座標中に辺の長さが 3、4、5 となる三角形を図示したが、円上の全ての点が、原点と x 座標の値との距離、原点と y 座標の値との距離を直角を挿む 2 辺とし、斜辺が半径となる直角三角形で図示でき、円上の全ての点は $x^2+y^2=r^2$ で表せる。

1. 座標の名称と原点を中心とする半径5の円

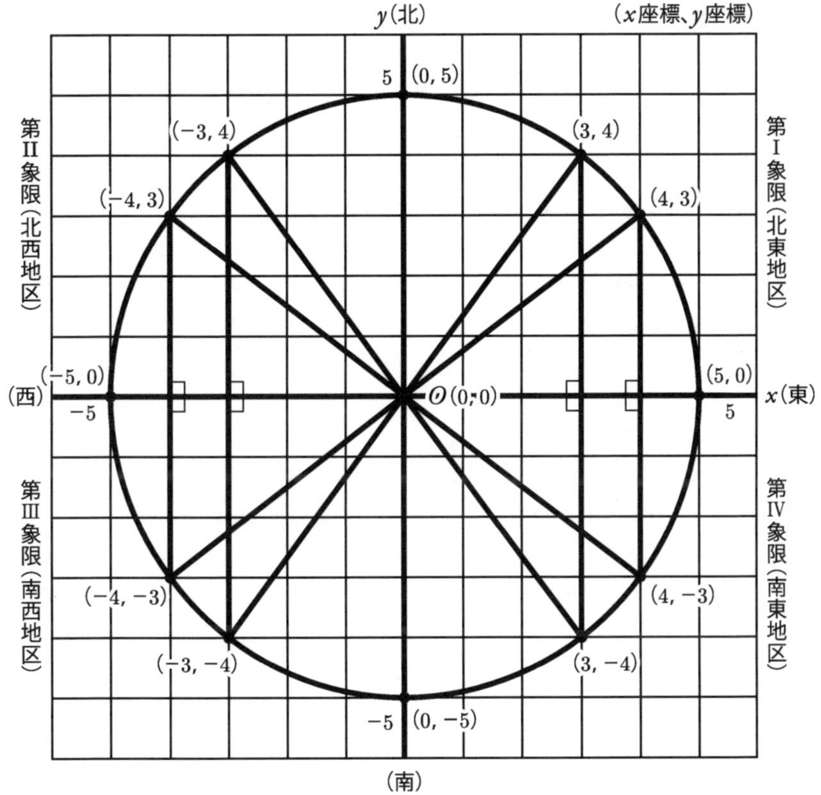

3. 三平方の定理と円の方程式

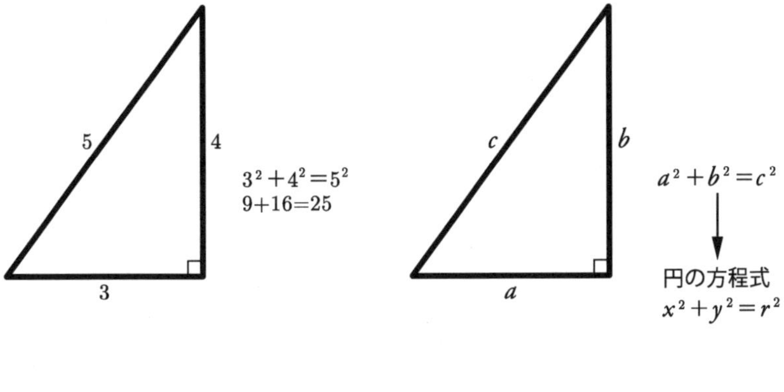

●三角比

さて、ここからは高校数学の内容に入っていく。小中学生は完全に理解できなくてもよい。小中学校で学ぶ図形的（幾何的）な発想が高校数学の基礎にもなっていることが少しでもイメージできれば十分である。

1. 三角比

   直角三角形を右下に直角が来るように置く。角度 θ（シータ）が同じならば、どの大きさにしても三角形は相似で 3 辺の比は等しい。そこで右図のように 2 辺どうしの比 (辺▲/辺●) を示す cos（コサイン）、sin（サイン）、tan（タンジェント）という記号を導入し、$\cos\theta$、$\sin\theta$、$\tan\theta$ と示す。それぞれがどの比を示すかが、cos、sin、tan の最初の文字である c、s、t を筆記体で書くと、辺の進む順に分母→分子となると考えればよい。前頁に出てきた辺の長さ 3、4、5 の直角三角形ではそれぞれ右図のようになる。

2. 三角比の実用

   ピラミッドの高さを直接測ることは難しい。しかし晴れた日の同時刻にピラミッドの近くで棒を立て、棒の長さと棒の影の長さ、そして、ピラミッドの影の長さを記録する。すると影の長さと高さの関係を示す直角三角形は角度 θ で三角比を考える時と同じで、

   棒の影 : 棒の高さ ＝ ピラミッド底面と影先端までの長さ : ピラミッドの高さ

   で計算することができる。このような経験から次第に三角比のような考え方が生み出され、θ さえわかれば高さを推定できる測量法につながっていった。

3. 1 辺の長さと角がわかると他辺は三角比で示すことができる

   記号 sin、cos、tan を使うと図のように 1 辺と鋭角 θ の値がわかっている直角三角形ならば他の辺 $r\cos\theta$、$r\sin\theta$、$x\tan\theta$ のように示すことができる[*13]。

4. 三角形の辺・角の示し方と、面積の計算

   三角比の中での角は、できるだけ $\angle$ を使わずに表記する ($\sin\angle A$ より $\sin A$ がよい)。また辺は対角のアルファベットの小文字で示す。その約束を踏まえながら三角形の面積を示してみると、右図のように $\triangle ABC$（の面積）$= 1/2ab\sin C$ となる。他の辺、角に注目しても同じなので $\triangle ABC = 1/2ab\sin C = 1/2bc\sin A = 1/2ac\sin B$ となり、このうち、その時わかっている角、辺を選んで計算すればよい。このように三角比を導入すると三角形の表現や計算がしやすくなる。では三角比と円の関係はどうだろうか？

[*13] 分数を使えば全ての場合について示すことができるが、図では最もよく使う 3 つのみを描いた。

1. 三角比

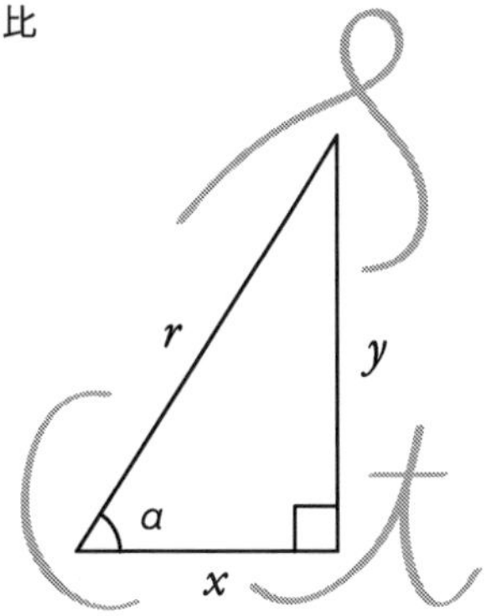

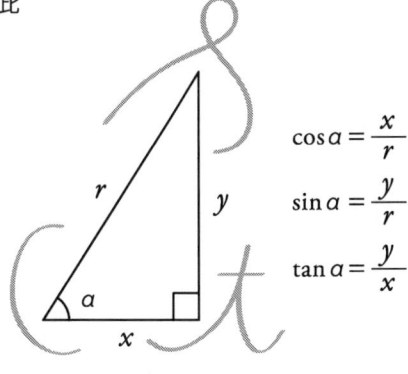

$$\cos\alpha = \frac{x}{r}$$

$$\sin\alpha = \frac{y}{r}$$

$$\tan\alpha = \frac{y}{x}$$

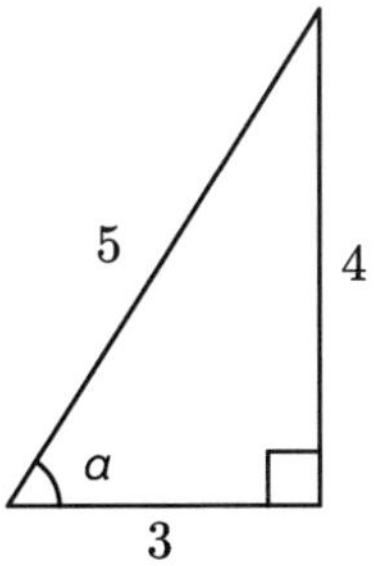

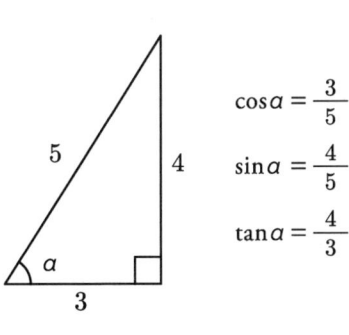

$$\cos\alpha = \frac{3}{5}$$

$$\sin\alpha = \frac{4}{5}$$

$$\tan\alpha = \frac{4}{3}$$

2. 三角比の実用

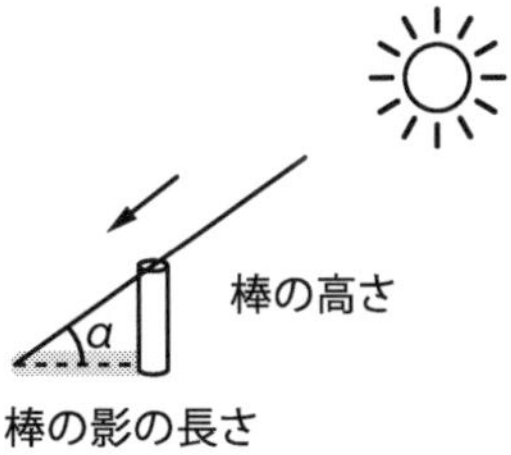

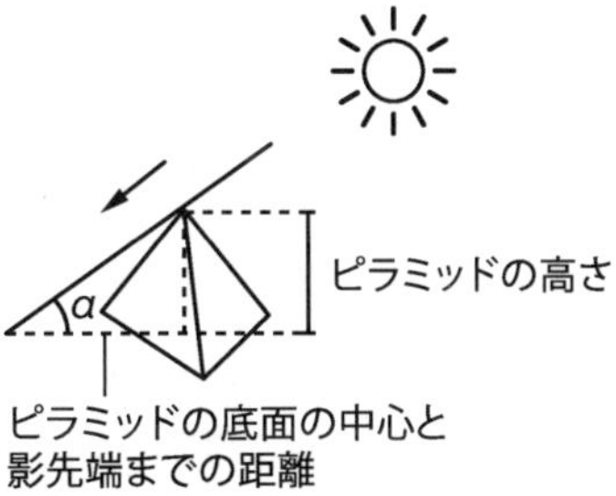

3. 1辺の長さと角がわかると他辺は三角比で示すことができる。

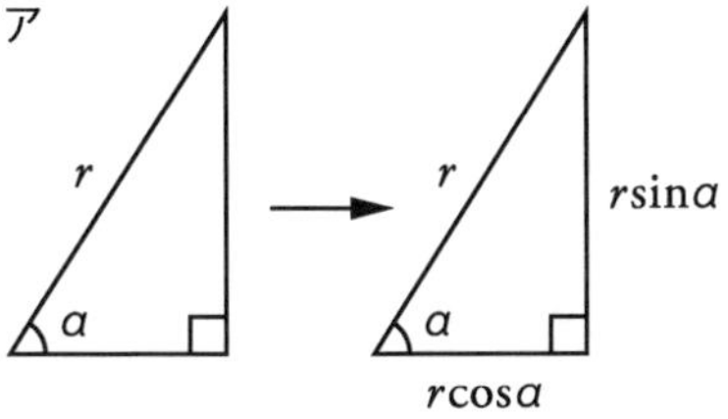

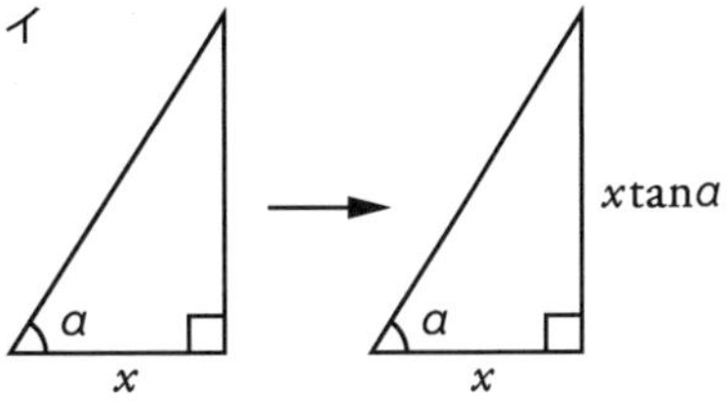

4. 三角形の辺・角の示し方と、面積の計算

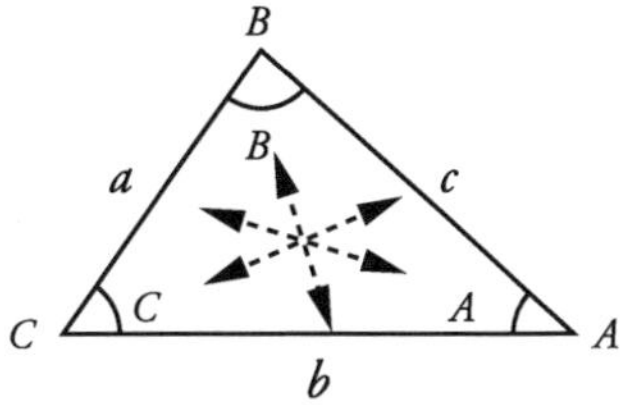

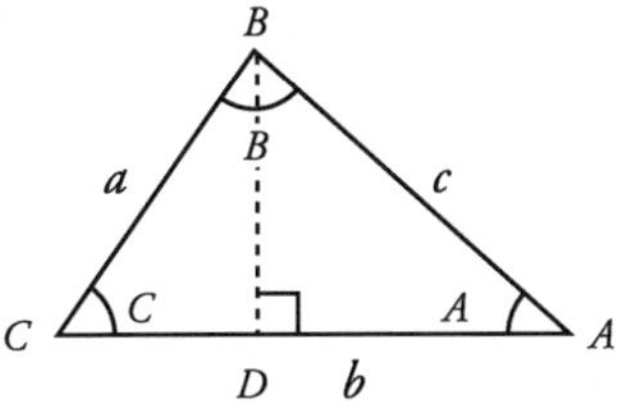

三角比と円との関係は？

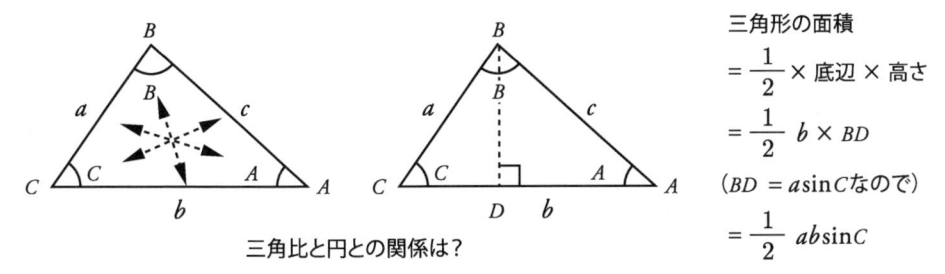

三角形の面積

$= \frac{1}{2} \times$ 底辺 $\times$ 高さ

$= \frac{1}{2}\ b \times BD$

（$BD = a\sin C$なので）

$= \frac{1}{2}\ ab\sin C$

●三角形と円の関係

三角比とそれを使った三角関数について高校で様々な式を学ぶ。その全ての解説は本書の目的ではないので、「円」と関係する 2 項目だけ取り上げよう。

1. 正弦定理

   三角比に関する有名な正弦《せいげん》定理、余弦《よげん》定理のうち、正弦定理（右図）はこれまで学んできた外接円、円周角で証明できる。

   【証明】

   $\triangle ABC$ の外接円を描き、その中心を O、半径を R とする。BO の延長線と円周との交点を D とする。円周角の定理より、$\angle A = \angle BDC$（図の●）（①）。

   BD が直径であるので、$\angle BCD$ は半円に対する円周角となるので $\angle BCD = 90°$。よって $\triangle BCD$ は直角三角形である。a(辺 BC) $= BD \sin \angle BDC$、$BD = 2R$（直径）と①より $a = 2R \sin A$。よって $a/\sin A = 2R$。同様に $b/\sin B = 2R$、$c/\sin C = 2R$ となり、それらをまとめると、$a/\sin A = b/\sin B = c/\sin C = 2R$。

2. 単位円

   原点を中心とする半径 1 の座標上の円を単位円という。p.23 で描いた半径 5 の円を 1/5 に縮小したものである。この単位円を使うと三角比 (sin、cos) がシンプルに表現できる。単位円上のある点と、そこから x 軸に下ろした垂線の x 軸との交点と原点を結ぶ三角形を考え、図のように角 A を置く。

   単位円では sin、cos の計算での分母となる斜辺（単位円の半径）r が常に 1 となるので、点の x 座標、y 座標の値がそのまま cos、sin の値となる。たとえば座標が $(3/5, 4/5)$ である図の点においては、$\cos A = 3/5$、$\sin A = 4/5$ となり、cos、sin の値は単位円周上の点の x 座標、y 座標と一致する。したがって単位円の円周上の任意の点は α を使って $(\cos\alpha, \sin\alpha)$ と表現できる[14]。

3. 単位円の方程式は $\sin^2\alpha + \cos^2\alpha = 1$ とも表現できる

   $x = \cos\alpha$、$y = \sin\alpha$ なので、単位円の方程式は p.23 で学んだ $x^2 + y^2 = 1$ の他にもこう表現できる[15]。

---

[14] これは座標が − の場合も表現できるが、混乱しそうな人はまず第一象限（x、y ともに +）のみで考えてみるとよい。

[15] $(\sin\alpha)^2$、$(\cos\alpha)^2$ は $\sin^2\alpha$、$\cos^2\alpha$ と表記する約束となっている。

1. 正弦定理

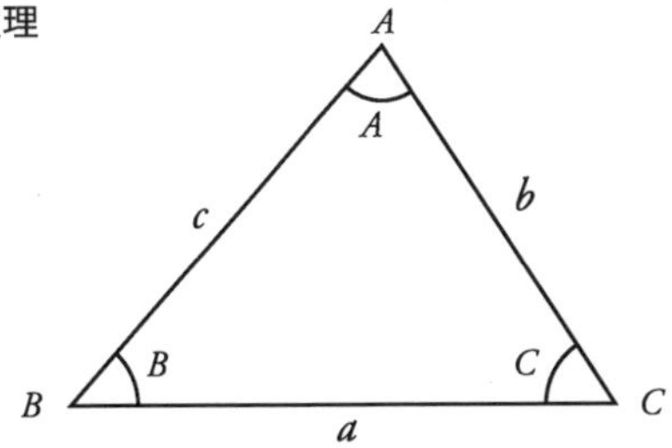

$$\frac{a}{\sin A} = \frac{b}{\sin B} = \frac{c}{\sin C} = 2R$$

（Rは外接円の半径、$2R$は直径）

【証明の図】

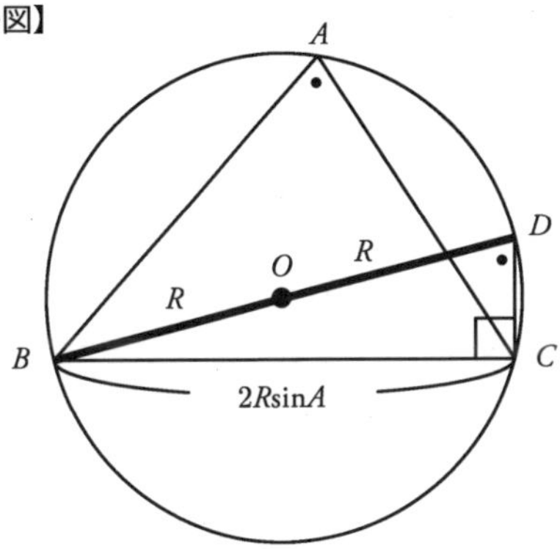

2. 単位円

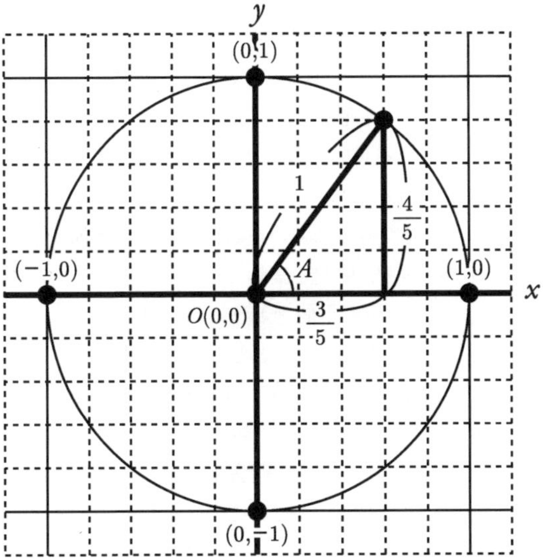

$\cos A = \dfrac{3}{5}$　（点のx座標）

$\sin A = \dfrac{4}{5}$　（点のy座標）

円周上の任意の点の
座標は（$\cos\alpha, \sin\alpha$）とも表現できる。

●平方根と複素数

1. 平方根（$\sqrt{\quad}$ 、ルート）：中高で拡張していく数の概念を見てみよう。小学校では 1、2、3、4··· という自然数と 0、そして分数、小数を学んだ。中学では負の数とともに $\sqrt{\quad}$ （ルート）で示される平方根を学ぶ。同じ数を 2 回かけることを平方（2 乗）といい $\bullet^2$ と表記する。$2^2 = 2 \times 2 = 4$、$(-2) \times (-2) = (-2)^2 = 4$ である。この逆で 2 乗して●になる数を考えたものを「●の平方根」という。平方（2 乗）の計算の逆を考えればよいので 4 の平方根は 2 と -2 である。平行根はもとの数に $\sqrt{\quad}$ をかぶせ、表記する。正の数と負の数があるため、それぞれ $\sqrt{\bullet}$、$-\sqrt{\bullet}$ と表記し、あわせて $\pm\sqrt{\bullet}$ と表記する。4 のように「平方根は ± 2」とすっきり計算できる場合もあるが、そのような場合はむしろ少ない。たとえば $\sqrt{2}$ は計算しようとすると、$\sqrt{2} = 1.41421356\cdots$ と無限に続く循環しない小数となる。平行根はその多くが分数で示すことができない数（無限に続く循環しない小数）であり、無理数という。円周率 π も無理数である。これに対して分数で表現できる数を有理数といい、あわせて実数という。
2. 複素数・虚数とは？：$1^2 = 1$、$(-1)^2 = 1$ のように 2 乗した数は必ず正となる。しかしそれだけでは複雑な方程式は解けなくなるので、2 乗して -1 となる i（アイ、虚数単位）を考える。小中学生は「そんなのありえない。実感できない」というだろう。私も少なくともにわかには実感できなかった。だから実数（real number）に対し i を含む数を虚数（imaginary number）という。複素数とは、純虚数（i の倍数）と実数の和で示される（つまり $a + bi$ という形をしている）もの[*16]である。「実感できない」数であるが、これを導入すると難しい方程式（高次方程式）でも解が出せることもあり、i（アイ）は現代数学に欠かせない。
3. 複素平面と「リア軸、アニ軸」：ガウスは実感しにくい虚数の世界を、幾何的に表現する座標（複素平面）を考えた。縦軸を虚軸、横軸を実軸とし、実部 (a) と虚部 (bi) の交点で座標上に複素数を表現した。この複素平面を無理に現代社会にたとえてみよう。オタク用語で現実社会の生活が充実していることをリアル（現実）が充実という意味で「リア充」という。一方現実が貧弱なことを「リア貧」とし、その程度を横軸（リア軸）で示そう。アニメの世界への没入度合いを「アニ充」「アニ貧」とした「アニ軸」を縦軸に導入しよう。すると各人の現実社会生活の充実度とアニメ世界への没入度合いを座標上に表現できる。実軸、虚軸はこのようなものと考えるといいかもしれない。あなたはどのあたりだろうか？

[*16] a、b は実数、a を実部、b を虚部という。

1. 平方根(√ 、ルート)

$2 \times 2 = 2^2 = 4$

→ 平方(2乗)

$(-2) \times (-2) = (-2)^2 = 4$

$\sqrt{4} = 2$

→ 平方根(ルート)

$-\sqrt{4} = -2$

$\sqrt{2} = 1.41421356\cdots$

循環しない無限小数
→分数で示すことができない
→「無理数」

実数

有理数 (分数で示すことができる)	無理数
3　-1　0.7　0　$\frac{3}{7}$	$\sqrt{2}$　$-\sqrt{3}$　π

2. 複素数・虚数とは?

2乗して −1 になる数 i (アイ、虚数単位)

$$i^2 = -1 \qquad i = \sqrt{-1}$$

虚数 $\underline{a} + \underline{bi}$ ($a \cdot b$ は実数)
実部　虚部

複素数

実数 a	虚数 $a + bi$
($b = 0$)	($b \neq 0$) 特に a=0 の場合、つまり bi を純虚数という。

3. 複素平面「リア軸、アニ軸」

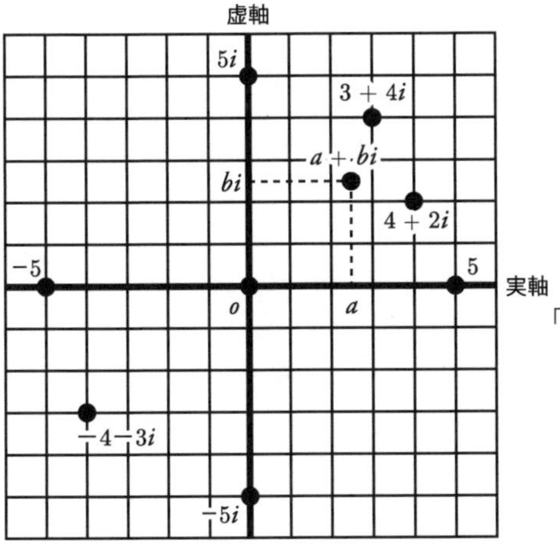

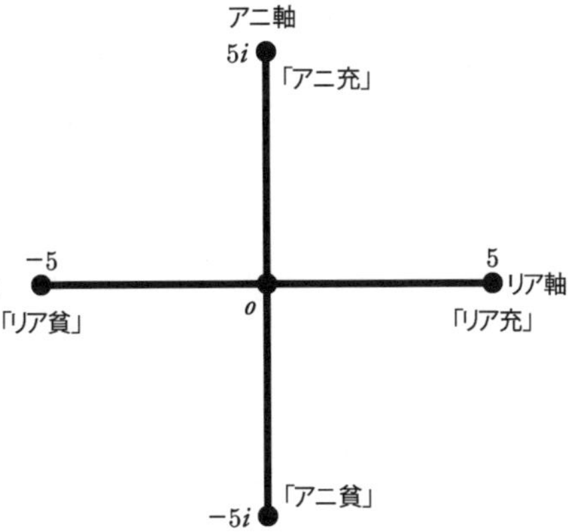

あなたはどのあたり?

●三角比の単位円と複素平面での半径 1 の円

さて、小中学生の皆さんはこれまでの内容を難しいと感じただろう。最初に述べたようにまだ 100% 理解する必要はない。「そういう世界がある」「そういうイメージがある」と捉えるだけでよい。「実際にはわかっていなくても、わかったつもり、イメージできたつもり」になると、新しい分野に拒否感なく取り組める。もちろん正式に学んだあとは、イメージに頼らない正確な理解が必要であるが、入口ではイメージが重要である。ここまでのまとめとして、三角比の単位円と複素平面での半径 1 の円を考えてみよう。

1. 単位円と 30°、45°、60°…の三角比

   三角比と単位円について、p.23、p.24 とも合わせ、三平方の定理が整数で説明できる辺の比 3 : 4 : 5 の直角三角形を考えた。しかしこの直角三角形の鋭角の角度は割り切れない数字となる。三角比は、すっきりと割り切れる角度を節目と考えたほうが理解しやすいので 45° の倍数（45°、90°、…、360°）と 30° の倍数（30°、60°、90°、…、360°）を考えよう。図中に単位円上の 45° の倍数の位置と 30° の倍数の位置の点の x 座標、y 座標を記入した（計算略）。x 座標が cos、y 座標が sin の値である。規則的な並びであることはイメージできる。

2. 複素平面円と方程式の解

   実は虚数を導入した大きな理由の一つは高次方程式の解を求めるためであった。高次方程式とは x を 3 回以上かけた項を含む式である。$x^8 = 1$ や $x^{12} = 1$ も高次方程式の例であり、これを満たす x を求める場合、代数的には以下のような計算を解くことになる。（小中学生はわからなくてもよい。雰囲気だけ見ておいてください。）

$$\begin{aligned} x^8 - 1 &= (x^4+1)(x^4-1) \\ &= (x^4+1)(x^2+1)(x^2-1) \\ &= (x^4+1)(x^2+1)(x+1)(x-1) = 0 \end{aligned}$$

$$\begin{aligned} x^{12} - 1 &= (x^6+1)(x^6-1) \\ &= (x^2+1)(x^4-x^2+1)(x^2-1)(x^4+x^2+1) \\ &= (x^2+1)(x^4-x^2+1)(x+1)(x-1)(x^4+x^2+1) = 0 \end{aligned}$$

   しかし、この計算を複素平面上での半径 1 の円で表現すると、45° の倍数の 8 点、30° の倍数の 12 点がそのまま答えとなっている（ド・モアブルの定理）。（図では 12 点は煩雑なので、8 点の側にみ答を明記した。）

   このように虚数の世界を拡張した世界でも座標や円は活躍している。

1. 単位円と30°、45°、60°の三角比

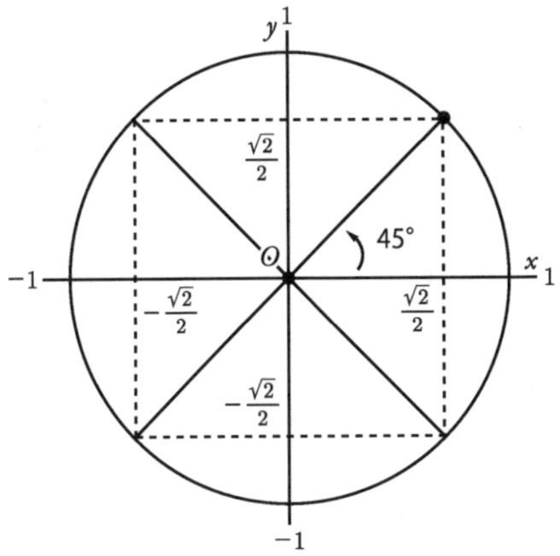

$\cos 45° = \frac{\sqrt{2}}{2}$

$\sin 45° = \frac{\sqrt{2}}{2}$

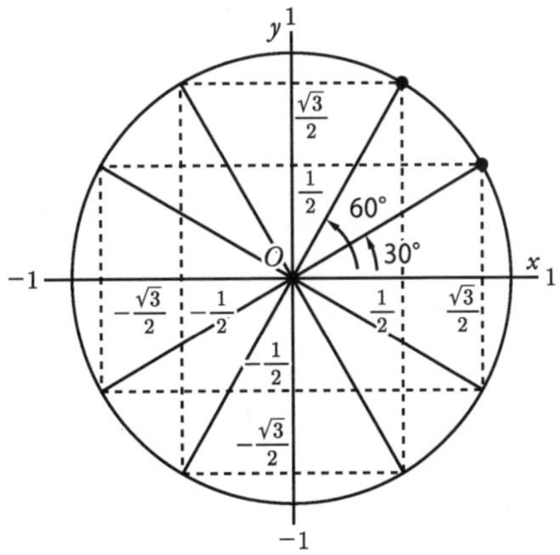

$\cos 30° = \frac{\sqrt{3}}{2}$　　$\cos 60° = \frac{1}{2}$

$\sin 30° = \frac{1}{2}$　　$\sin 60° = \frac{\sqrt{3}}{2}$

2. 複素平面円と方程式の解

$x^8=1$の8つの解

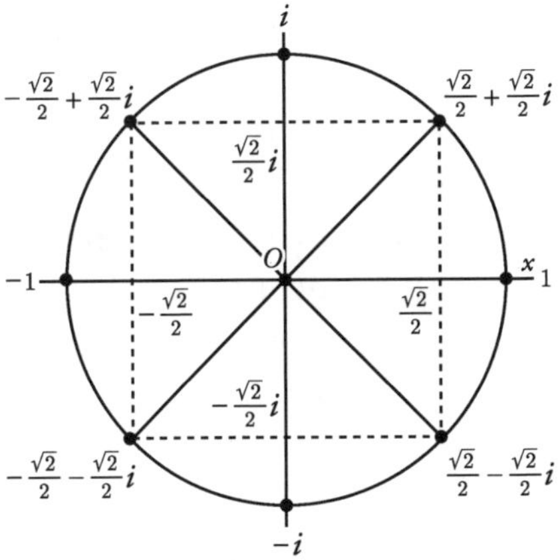

$x^{12}=1$の12個の解

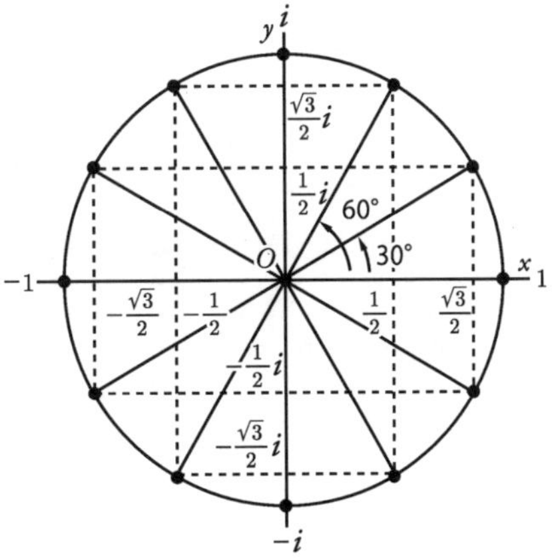

●円のイメージを視覚的に表現する

虚数という「実感」から離れた世界の後は、少し現実の社会に戻ろう。

1. 体力テスト円グラフ

   社会や統計で多用されている円グラフの他に、時々見かけるのが各要素の「バランス」を示すグラフがある。体力測定の他にも、各教科学力、栄養素バランスなどでなじみであろう。過剰な要素と不足な要素を一瞬で把握できる素晴らしいグラフである。この考案者は誰だろうか？

2. ナイチンゲールの「鶏頭図」

   1. のグラフの原型は、近代看護の祖として知られるフローレンス・ナイチンゲール（1820〜1910 年）の「鶏頭図」である。ナイチンゲールの偉大さは様々あるが、その一つが統計資料を視覚化したことである。これで彼女の主張は、市民や有力者の共感、理解を得ることができた。クリミア戦争では戦闘行為によるよりも、病院の衛生状態の悪さゆえの感染症（「発酵病」）による死者が多いこと、そして衛生改善を行うと感染症原因による死者が減ることを彼女は示し、病院の衛生改革を断行した。このとき彼女は、1 年 12 か月を中心角 30° の扇型に分割して月ごとに回転させることで、死亡者総数の変化を示した。これとともに、各原因別死者も色塗りの面積で種別ごとに区分けした。円の中心角での等分や面積など幾何学を活用したこれが鶏のトサカにみえるので「鶏頭図」と呼ばれるようになったのである。このグラフの説得力に後押しされて、イギリスの病院の衛生改革が進み、そして世界に広がっていった[*17]。

3. プリヒタの素数円

   「素数」とは 1 とその数以外の約数を持たない数であり、1 も除く。約数を持つ数を除外することで素数を 2、3、5、7、11、13··· と数えて列記してもよい。しかしペーター・プリヒタは素数の並びを円上に視覚的に示す「素数円」を考えた。これは次のようなものである。

   24 が 1 日の時間数であり、24、12、8、6、4、3、2（1 を除く）と多くの約数を持つことから、24 で 1 回転して外の円に移動するように数を配列する。すると、2 とその倍数 4、6、8、10、12、14、16、18、20、22、24（24 の約数である 4、6、8、12、24 を含む）、3 とその倍数 6、9、12、15、18、21、24 の列は放射状に素数ではないことが確定するから、素数の残る列が浮かびあがる。これも視覚的表現の優れた例である。

[*17] ドイツでは、生物学者でベルリン市議会議員、プロイセン王国下院議員やドイツ帝国議会議員などの顕職を歴任したフィルヒョウが衛生改革運動を推進した。

1. 体力テスト円グラフ

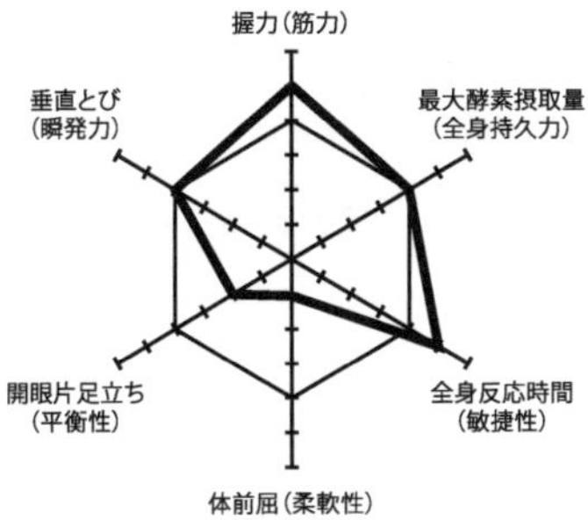

2. ナイチンゲールの鶏頭図
（クリミア戦争月別原因死亡者数）

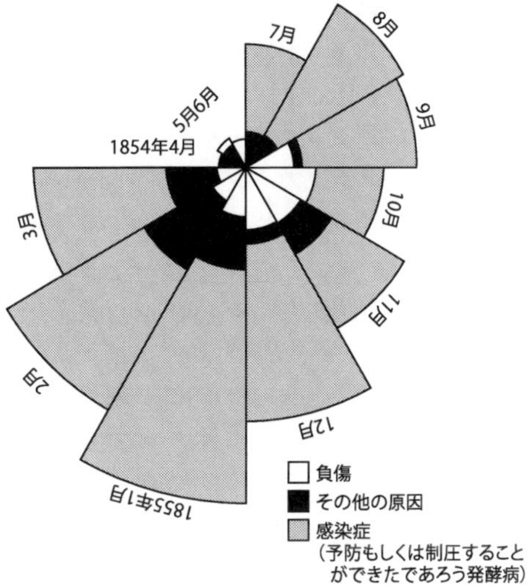

【出典：ナイチンゲール神話と真実　著者：ヒュー・スモール】
巻末参考文献リスト参照

3. プリヒタの素数円

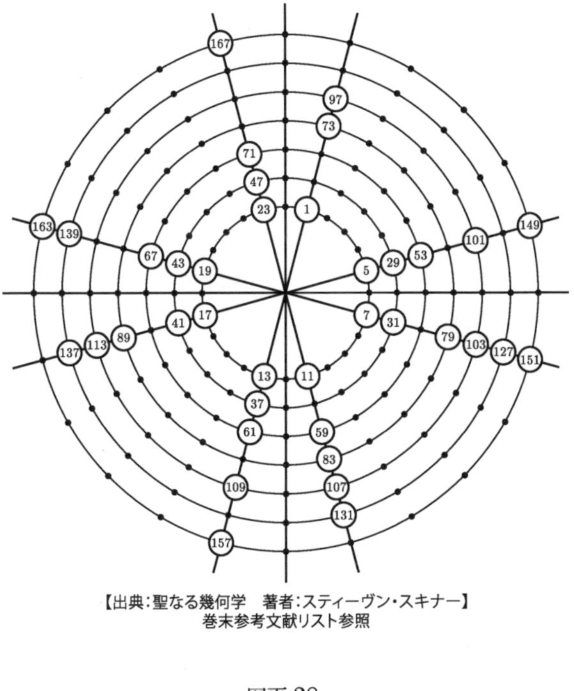

【出典：聖なる幾何学　著者：スティーヴン・スキナー】
巻末参考文献リスト参照

●円と建築・宗教、そして技術

太陽への古来の信仰とも関係して、円は完全性の象徴とされてきた。このため様々な建築・美術に円が使われている。

1. パンテオン神殿の天井と円

   ローマにあるパンテオン（pantheon）神殿は、ローマ帝国皇帝が、帝国が支配した様々な民族の神も含め「全ての（pan）神（theon)」を祭った神殿のことである。天井はドーム状になっている。図は真下から見た図を平面表現したものであるが、実際は立体的である。天井の一番高い位置にはオクルス（「目」の意）という丸い採光窓がある。

2. シャルトル大聖堂の円形迷路

   フランスの中世のゴシック建築の一つであるシャルトル大聖堂には、床に描かれた迷路の図に、12 個の同心円が使用されている。古代の迷路はミノタウロス（上半身が牛の怪物）を閉じ込めるものとして描かれていたが、大聖堂においては、描かれた迷路の中心は、信仰者にとっての聖地エルサレムとされる。これは 11 層の同心円状の迷路を連結した構造となっており、全体として円を構成するように作られている。

3. マンダラ（曼荼羅）

   仏教における悟りの境地を示した図であるマンダラ（曼荼羅）には、円形が多く使われる。心理学者ユングは、マンダラは完成された心の状態を表すと考え、彼の心理学において重要な位置を与えた。ユングの影響下の精神医学・臨床心理学ではマンダラの作図が重視される。

4. 下水高度処理と円板（生物膜法、多段式回転円板処理装置）

   心の完全性の象徴としての円は、現代科学技術においても活躍している。

   生活排水の中の汚れ（有機物、窒素、リン）を除去する下水処理技術の中で、窒素、リンの除去にすぐれた技術を高度処理という。その中の技術の一つに「多段式回転円板処理装置」がある。下水処理プールの中に円板を入れ、ゆっくり回転させる。その円板の表面には微生物が付着した膜（生物膜）ができる。

   円板を半分水上に出す槽では、空気にふれる時間と水没時間を繰り返すことで酸素を必要とする硝化細菌（リンを除去）が活動する。円板を水没させる槽では空気が少ない環境を好む脱窒菌が活動する。この繰り返しでリン・窒素を効率的に除去できる。

1. パンテオン神殿の天井と円

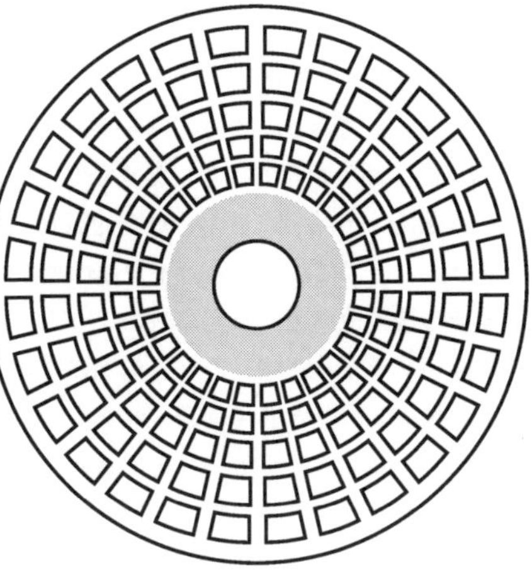

2. シャルトル大聖堂の円形迷路

3. マンダラ（曼荼羅）

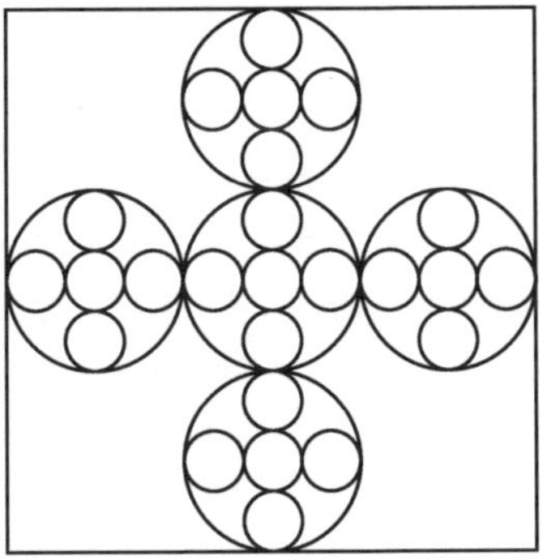

4. 下水高度処理と円板（生物膜法、多段式回転円板処理装置）

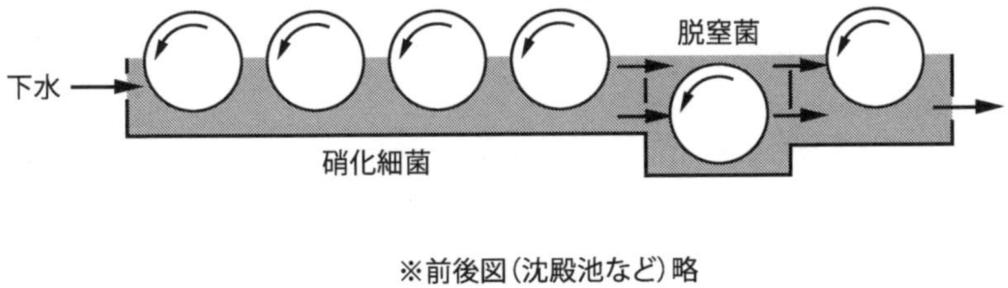

※前後図（沈殿池など）略

●あとがき

1. 東日本大震災・福島原発事故を経て

 私は1990年より、駿台予備学校の市谷校舎（医学部受験専門校舎）などで生物を教えてきたが、大学受験数学は教えていない。そんな私が今回、数学の専門的掘り下げの書のシリーズと並んで「初等幾何」の本を書くことになったのは不思議なご縁である。2011年3月11日の東日本大震災とその後の福島第一原発事故により、福島県から多くの方々が船橋（千葉県）、飯田橋（東京都千代田区）など首都圏に避難されてきた。避難家族が精神的、経済的にたいへんな状況の中、避難された家族の小中学生が落ち着いて勉強できる場を作ろうと、船橋で学習サポートをはじめ、また飯田橋のカトリック修道院で行われている学習サポートに参加した。船橋では高校受験対策も行ったが、その中ではやはり、私の専門である理科（生物学）けでなく、数学に対するニーズが高かった。そのような経過で中学数学と高校入試対策を勉強、分析し直すこととなった。

2. トイレの床タイルの水玉模様

 30年以上前の、大学受験の時は私は「数学」が得意であった。なぜ得意になったかを考えてみると、実家（愛知県豊橋市）のトイレの床タイルの水玉模様に思いいたる。いつも「長い用」をたす時には、ずっと水玉模様をつなぎあわせながら、三角形、四角形、そして難しかったが「円」を頭の中で造形していた。高校数学の「座標」で、図形と数式の世界がつながり、複数の解法や発想のできる数学に魅惑された。ところが、大学入学後は、あまり勉強しなくなり、専門も数学をあまり使わない分野に進んだこともあり、大学受験の時に培った数学への興味は眠っていった。その後30年を経て、この3年間中学生に数学を教える中で大学入試時の感覚と興味がよみがえってきた。

3. 中学生は数学を楽しめていない？

 同時に、中学生たちが、私の大好きだった図形（幾何）に、意外に拒否感や苦手意識があり、数学を「面白い」というより「辛い」と思っていることを知った。もちろん、教えていく中で様々対話していくと、数学、とりわけ幾何学への面白さは伝わっていったが、学校教育でそれが十分に伝えられているかどうか疑問に感じはじめた。

4. 中2「図形の証明」が分岐点？

 中学生たちを教えて感じるのは、図形そのものが嫌いな生徒はあまりいない。しかし中2の「図形の証明」で好き嫌いが分岐してしまっているのではないかと感じる[*18]。

[*18] これはここ3年間の私の「体感」であって、数学教育論的に実証された研究があるかは現時点で私は知らない。詳しい方がいればご教授いただければ幸いである。

「図形の証明」を「面白い、素敵だ」と感じるか「面倒くさい、そんなの思いつかないからあきらめる」となるかで、数学、とくに幾何分野の好き嫌いが分かれている気がする。それでは小中高校でのカリキュラムはどうなっているのだろうか？

5. 学校では、「円」を 7 分割？

本書では「円」を切り口に、小中学校全部の「円」分野ほぼ全てと、高校の三角関数、複素平面へのイメージ導入までを一つの流れで書いた。一方、学校教育はどうだろうか？ 学習指導要領が示す「円」に関する流れは、

小学	1 年	いろいろな形
	3 年	円と球
	5 年	円と正多角形
	6 年	対称な図形
中学	1 年	円とおうぎ形（面積、円周、接線）
	2 年	図形の証明
	3 年	円周角の定理

と、7 学年に分割されている。実際に発達段階など考えるとある程度分割はやむを得ないのだろうが、分割しすぎではないかと感じてしまう。学習指導要領に従ったテーマを扱う中でも、次のステップへの導入が自然に入っているような内容が望まれるのではないかと思う。

6. 学年内容を超えて興味を持とう

そうは言っても、簡単に学習指導要領の並び（学年分割）が変わるわけでもないし、その改革提言は、もしあるとすれば、私ではなく数学者、数学教育者から発せられるべきと思うので、以上は単なる「感想」と捉えてほしい。

ただ、これから数学を学ぶ学生の方には、「今の学年の授業を完全に理解しないと次の学年の内容は学べない」とは考えてほしくない。たとえば、中 3 の「円周角の定理」を美しいと感じてから、中 2「図形の証明」を見返してもよい。逆に「図形の証明」で多少つっかかっていても、「円周角の定理」を学んでもいいのだ。たしかに数学は学年ごとの積み重ねが重要であるが、一方でいろんなところに行ったり来たり、進んだり戻ったりしていく中で数学の理解は深まっていく。同じことは、生物学も含む理科についても言える。

7. 数学本の勧め

理系の大学受験生に聞いてわかったのだが、理系であっても、数学に関わる本を読んでいる人は少ない。社会や理科に関わる教養本ならばある程度読んでいても、「数学は学校の勉強だけできついから、それ以上に読みたくならない」という感じではないかと思う。でも実は数学の歴史や発想の歴史を学んでいくと、「それを思いついた

時に世の中が別の視点で見えてくる」という感動の場面に出会うことができる。その感動を本を通して感じることで、数学のつながりや現在勉強していることの意味がわかるだろう。ぜひ右頁に紹介した本などを読んでみてほしい。

8.「円」の「縁」

生物学を専門としてきた私が今回「円」の本を出すことになったのは、もしかしたら人生の多くを「円」の中で生きてきたからかもしれない。私は十数年前から「円」の中に住んでいる。ふなっしーで有名になった千葉県船橋市の中で真珠湾攻撃の「ニイタカヤマノボレ」を発信したことで有名な旧日本軍無線塔基地跡地の円形道路に囲まれた区画（行田）に住む。そして、駿台予備学校では、山手線「円」内の、市谷校舎（医学部受験専門校舎）で 20 年以上教えてきたし、飯田橋で原発被災避難小中学生の学習サポートボランティア「きらきら星ネット」のお手伝いもさせていただいている。大学時代、駒場キャンパスという「円」の真ん中にあった東大駒場寮（2001 年廃寮）に住み、寮委員長もさせていただいた。「円」と「縁」深い人生が、この「円」本を出すきっかけになったのかもしれないが、この本が、皆さんが「数学」「幾何学」「円」に「縁」深くなる一助になれば幸いである。

●参考文献

[1] Bruce Alberts、Alexander Johnson、Julian Lewis、Martin Raff、Keith Roberts、Peter Walter 著、中村桂子、松原謙一 監訳、『細胞の分子生物学』第 5 版、ニュートンプレス、2010 年。ISBN 978-4-315-51867-2
※ 第 6 版、ニュートンプレス、2017 年。ISBN 978-4-315-52062-0

[2] 森 豊 著、『シルクロード史考察 VII —正倉院からの発見— 聖なる円光』、六興出版、1975 年。(絶版)

[3] スティーヴン・スキナー 著、松浦 俊輔 監訳、『聖なる幾何学 すべてのものに隠された法則を解読する』、ランダムハウス講談社、2008 年。ISBN 978-4-270-00327-5

[4] アンドルー・サットン 著、渡辺 滋人 訳、『コンパスと定規の数学』、創元社、2012 年。ISBN 978-4-422-21486-3

[5] 久住 昌之 作、久住 卓也 絵、『まる・さんかく・しかく』、小学館、2014 年。ISBN 978-4-09-726529-0

[6] 安藤 清, 佐藤 敏明 著、『初等幾何学』(新数学入門シリーズ 4)、森北出版、1994 年。ISBN 978-4-627-03549-2

[7] 大村 平 著、『幾何のはなし 論理的思考のトレーニング』、日科技連出版社、1999 年。ISBN 978-4-8171-2420-3

[8] I. M. ゲルファント、E. G. グラゴーレヴァ、A. A. キリーロフ 著、冨永 星、赤尾 和男 訳、『座標』(ゲルファント先生の学校に行かずにわかる数学 2)、岩波書店、2000 年。ISBN 978-4-00-006702-7

[9] ヴィクター・J. カッツ 著、上野 健爾、三浦 伸夫 監訳、『カッツ 数学の歴史』、共立出版、2005 年。ISBN 978-4-320-01765-8

[10] 牧野 貴樹 著、『円周率 1,000,000 桁表』、暗黒通信団、1996 年。ISBN 978-4-87310-002-9

[11] シ 著、『素数のまとめノート』、暗黒通信団、2013 年。ISBN 978-4-87310-186-6

[12] 田村 三郎、コタニマサオ 著、『新・図説数学史』、現代数学社、2008 年。ISBN 978-4-7687-0334-2

[13] 吉田 武 著、『オイラーの贈物 人類の至宝 $e^{i\pi} = -1$ を学ぶ』新装版、東海大学出版会、2010 年。ISBN 978-4-486-01863-6

[14] 武藤 徹 著、『図形のはなし【幾何編】』(武藤徹の高校数学読本 2)、日本評論社、2011 年。ISBN 978-4-535-60332-5

[15] 堀場 芳数 著、『円周率 π の不思議—アルキメデスからコンピュータまで』(ブルーバックス)、講談社、1989 年。ISBN 978-4-06-132797-9

[16] 小平 邦彦 著、『幾何への誘い』(岩波現代文庫 学術 7)、岩波書店、2000 年。ISBN 978-4-00-600007-3

[17] 山下 光雄 著、『対話でたどる円の幾何』、オーム社、2013 年。ISBN 978-4-274-21348-9

[18] ブレーズ・パスカル 著、原 亨吉 訳、『パスカル 数学論文集』(ちくま学芸文庫 ハ 40-1)、筑摩書房、2014 年。ISBN 978-4-480-09593-0

[19]『サイン，コサイン，タンジェント—よくわかる！ わかるほどに面白い！ 三角関数の世界』(ニュートンムック)、ニュートンプレス、2014 年。ISBN 978-4-315-51988-4

[20] 砂田 利一 著、『現代幾何学への道——ユークリッドの蒔いた種』(数学、この大きな流れ)、岩波書店、2010 年。ISBN 978-4-00-006793-5

[21] ルネ・デカルト 著、原 亨吉 訳、『幾何学』(ちくま学芸文庫)、筑摩書房、2013 年。ISBN 978-4-480-09565-7

[22] 吉田 武 著、『虚数の情緒〜中学生からの全方位独学法』、東海大学出版会、2000 年。ISBN 978-4-486-01485-0

[23] 足立 恒雄 著、『楽しむ数学 10 話』新版 (岩波ジュニア新書)、岩波書店、2012 年。ISBN 978-4-00-500729-5

[24] ヒュー・スモール 著、田中 京子 訳、『ナイチンゲール 神話と真実』、みすず書房、2003 年。ISBN 978-4-622-07036-8

◆拙著

[1] 朝倉 幹晴 著、『休み時間の生物学』(休み時間シリーズ)、講談社、2008 年。
ISBN 978-4-06-155701-7

[2] 北原 雅樹 監修、朝倉 幹晴、田野尻 哲郎 著、『病気とくすりの基礎知識』、
講談社サイエンティフィク、2013 年。ISBN 978-4-906464-18-0

[3] 朝倉 幹晴 著、『三角形 小中学生から学べる初等幾何学入門』、暗黒通信団、2014 年。
ISBN 978-4-87310-212-2

[4] 朝倉 幹晴 著、『図形の証明』、暗黒通信団、2015 年。ISBN 978-4-87310-010-4

[5] 朝倉 幹晴 著、『ナイチンゲール生誕 200 年—その執念と夢』、暗黒通信団、2020 年。
ISBN 978-4-87310-242-9

[6] 朝倉 幹晴 著、『ウイルスと遺伝子』、暗黒通信団、2020 年。ISBN 978-4-87310-245-0

朝倉 幹晴(あさくら みきはる)略歴

愛知県豊橋市出身。東大理 I 入学・農学部卒。その後、駿台予備学校生物科講師。船橋市議(無党派・文教委員)。日本分子生物学会・日本がん学会会員。

公式サイト https://asakura.chiba.jp
Facebook asakuramiki
Twitter @asakuramikiharu
メール info@asakura.chiba.jp
(感想・ご質問などいつでもお寄せください。)

円《えん》 — 小中学生《しょうちゅうがくせい》から学《まな》べる初等幾何学入門《しょとうきかがくにゅうもん》 —

2014 年 8 月 17 日 初版 発行
2015 年 2 月 11 日 第 2 版 発行
2017 年 6 月 6 日 第 2 版 2 刷 発行
2021 年 11 月 11 日 第 2 版 3 刷 発行

著 者　朝倉 幹晴 (あさくら みきはる)
校 正　三代 和彦 (みよ かずひこ)、シ (し)
発行者　星野 香奈 (ほしの かな)
発行所　同人集合 暗黒通信団 (https://ankokudan.org/d/)
〒277-8691 千葉県柏局私書箱 54 号 D 係
本 体　314 円 / ISBN978-4-87310-215-3 C6041

乱丁落丁は在庫がある限り取り替えます。著者から直接購入の場合はサインします!